MACHI
Design
Seminar

まちデザインゼミ

歩きながら考えた建築とフィールドの記録

JN055241

総合資格学院

まちデザインゼミ記録集編集委員会

「まちデザインゼミ」 とは

「まちデザインゼミ」の始まり

「まちデザインゼミ（略称まちゼミ）」は、地域・地方のまちづくりを建築意匠学的な視点から考える大学連携の合同ゼミである。2014年に発足して年1回のペースで開催され、2019年10月に5回目の開催となった。参加大学（研究室）は、北関東を中心に東京都心からやや離れた場所にキャンパスを構える大学（研究室）であり、毎回のセミナーでは、企画校を持ち回りで担当しながら場所を変えつつ、それぞれの地域固有の問題を建築的あるいは空間的に捉えて、あらたな可能性を議論し、今後のまちのデザインへと結びつけていくことを目的としている。同時に、複数の大学の意匠系研究室で取り組んでいる試みを共有しつつ、建築デザインの道を志す学生同士が交流できる場にもなっている。
本著では、これまでの5回のまちゼミの実施を節目として、これまで取り組んできた各回の合同セミナーおよびワークショップについて、まち歩きマップおよびワークショップの概要をまとめ、さらに、大学における地域連携の意義とその手法、まちづくりに対する建築意匠研究室や建築家の役割などについて、これまでのまちゼミのホストを務めた企画者らによる全4回の座談会を通して総括している。

「まちゼミ」のこれまでの取り組み

まちデザインゼミの第1回は、2014年に宇都宮大学（安森研究室）で開催された。まず参加大学研究室の自己紹介として、これまで取り組んできたまちづくりに関わる活動について発表し、それに対して議論した。また、栃木県宇都宮市の＜地域資源＞としての大谷石という素材に着目し、採掘場、加工場、集落、市内の街並みや建造物など、大谷石に関連する地域や施設を見学した。

第2回（2015年）は前橋工科大学（石田研究室、石黒研究室）で開催された。群馬県前橋市における＜地域の棲まい方＞への具体的な取り組みとして、商店街に隣接するシェアフラット馬場川、「ここに棲む」展開催中のアーツ前橋、Tʼhouse、養蚕農家集落などを見学し、それらに関して議論した。

第3回（2017年）は信州大学（寺内研究室）で開催された。大学キャンパスから長野県小布施町に移動し、町の中心部の＜修景としてまちづくり＞や、郊外に点在する観光名所のネットワークの様子をグループに分かれて散策し、まち歩きから得た印象と更なる発展性について議論した。

第4回（2018年）は日本工業大学（小川研究室、足立研究室）で開催された。キャンパス周辺の埼玉県宮代町の街並みや建築物、鉄道を含む都市景観や農業用水を含む田園風景などを観察し、＜小さなまちづくり＞と称するまちデザインの可能性を議論した。

第5回（2019年）は東京理科大学理工学部（岩岡研究室）で開催された。キャンパスに隣接する千葉県野田市に残る文化財施設や醤油関連

施設、そして土木景観遺産である利根運河周辺を散策し、＜景観資源＞としての利根運河の新たな活用方法の提案などを議論した。

まちデザイン＝隣接する環境への意識

　近年、大学や研究機関が、キャンパス周辺の地域住民や地方自治体、民間企業などと連携して、まちを活性化するための様々な活動を行っていることをよく耳にするようになった。地域デザインのための教育や研究を主とする学部学科を開設する大学も多い。私の所属する大学においても、キャンパスの所在地である地方自治体と包括的な連携協定を締結し、地域住民へ向けた教養講座やシンポジウムが積極的に行われるようになった。

　キャンパスに隣接する地域の課題に目を向けて、ローカルな歴史や文化を見つめなおすようなこうした視点は、海外とのネットワークを通じてグローバル化を目指す大学の理念とは真逆の方向に見える。しかし、大学と地域の垣根をまず取り払い、そこにある地域資源を掘り起こし、新たな発見とその発展性を見出す、そのことが実は大学の国際性に繋がることになるのではないか。

　また一方で、＜まちづくり（あるいはまちおこし）＞といった言葉が社会を賑わすようになった。まちづくりとは本来、身近な居住環境を改善し地域の魅力や活力を高めること、と定義されている。まちづくりの中心的役割を担う主体

は、一般に地域住民あるいは住民を母体とするNPO団体であり、行政が主体となり民間企業などが協力して行う＜都市計画（あるいは地域計画）＞とは、まちを新たにデザインするという意味では類似するものの、主体がボトムアップかトップダウンか、計画が短期的か長期的か、規模が部分的か全体的か、イベント的かインフラ的か、といった様々な側面において大きな違いがある。

　こうした中で、本著のタイトルである＜まちデザイン＞とは、大学に所属する建築家や設計者が主体となって、まちの姿・形を提案し実現させるものであるといえよう。ここでは、主体が各大学の意匠系研究室あるいは建築学系の学生らであり、デザインの対象が各大学キャンパスに隣接する地域環境である。あるいは、まちづくり／都市計画といった対比的なあり方に対して、その差異を埋める概念として、＜まちデザイン＞を用いているといってよいだろう。

　本著の中で紹介されている＜まちデザイン＞の（学生らによる提案も含めた）実践例は、単に一時的なデザインに陥ってはならず、より継続する形にならなくてはならない。そのためには、それぞれのデザインが地域住民の環境への意識を高めるためのトリガーとして機能しなければならないだろう。そこに生きる人々による持続的なまちづくりが定着していくことこそ、まちデザイン（学）が社会的に認知されることになるからである。

岩岡 竜夫（東京理科大学　教授）

Contents

Obuse

Utsunomiya

Maebashi

Miyashiro

Noda

Activity Report

2014 栃木県宇都宮市

Utsunomiya, Tochigi Pref.

地域の素材

まちデザインゼミ初回の宇都宮は、地域で産出する大谷石に着目し、「地域の素材」をテーマに開催する。まち歩きで、大谷石の採石場や建築に触れるとともに、シンポジウム、パネルディスカッションを通して、意匠研究室や建築家にとって、まちに関わり、フィールドから建築を立ち上げ、地域で建築することの意味を話し合う。地方都市に拠点を置く研究室の間で相互の議論をはじめ、このゼミを続けるモチベーションを確認する。

参加校　宇都宮大学［安森研究室］／信州大学［寺内研究室］／筑波大学［貝島研究室］
東京理科大学［岩岡研究室］／日本工業大学［小川研究室・足立研究室］
前橋工科大学［石田研究室・石黒研究室］

スケジュール

11.29 sat

10:00	集合・オープニングガイダンス
10:20	見学：宇都宮大学建設学科棟
	震災がれき大谷石の再利用による休憩所
12:20	昼食：大谷景観公園・大谷地区
16:10	見学：徳次郎町西根集落
	宿泊先（宇都宮市冒険活動センター）に移動
18:30	夕食（バーベキュー）
20:30	懇親会、班ごとにWSに向けた話し合い

11.30 sun

7:30	朝食
9:30	シンポジウム（宇都宮大学陽東キャンパスにて）
	第1部　6大学の活動発表
12:10	昼食
13:00	第2部　ディスカッション
	「北関東に共通する文脈と方法」
14:10	総評・まとめ

宇都宮大学建設学科棟の見学

カネホン採石場の見学

大谷資料館の見学

鬼怒川

宇都宮市冒険活動センター

東北自動車道

東北新幹線

徳次郎町西根集落

日光街道

宇都宮美術館（設計：岡田新一）

ホテル山　　　カネホン採石場

大谷資料館

大谷寺洞穴遺跡・磨崖仏

平和観音

大久保石材店

屏風岩石材

旧大谷公会堂

大谷街道

アビタ戸祭
（設計：更田邦彦＋岩岡竜夫＋岩下泰三）

栃木県立美術館
（設計：川崎清）

宇都宮聖ヨハネ教会
（設計：上林敬吉）

東武宇都宮　　松が峰教会
　　　　　　（設計：マックス・ヒンデル）

JR宇都宮

宇都宮大学
陽東キャンパス

南宇都宮

宇都宮大学
峰キャンパス

N

0　　　1　　　2km

見学——地域の素材・大谷石に触れる

大谷石のいにしえ

大谷寺洞穴遺跡・磨崖仏

大谷石と人々の関わりは縄文時代に遡り、土器や石器が発見されている。岩壁に彫られた磨崖仏があり、千手観音像は、弘法大師が平安時代に制作したとされている。これを本尊とする大谷寺は、坂東三十三観音の一九番目の札所で、巡礼の地であった。

大谷石の採石場

平和観音

大谷の採石場には、太平洋戦争で戦闘機等の工場として使われた歴史がある。平和観音は、そうした歴史の犠牲者を追悼するために戦後につくられた。岩盤をそのまま彫ったもので、地層の変化も見える。立地する大谷公園自体が、もともと採石場であり、参道はかつて石材軌道であった。

大谷資料館

地下の採石場跡を活用した資料館で、1979（昭和54）年に開館した。深さ30メートル、広さ2万平方メートルにおよぶ地下空間が圧巻。地盤を保つために残された石柱や、手掘りから機械掘りへと変化する壁面のテクスチャー、地上から差し込む光が、他にはない独特な印象を与える。

ホテル山

F.L.ライトが設計した旧帝国ホテル（1923）に用いられた大谷石の採石場の跡地。東京と大谷を意味する東谷石材商店が設立され、その名残を示す石碑がある。市中心部にあるカトリック松が峰教会の石材にも用いられた。

カネホン採石場

地面を掘り下げた「露天掘り」の採石場で、現在も稼働している。深い所に地下水が溜まるためポンプで汲み上げている。堀ったばかりの青々とした大谷石が、乾燥してやや黄色がかる様子や、加工場の大型の機械などを見学した。

大谷石の建築

大久保石材店

大谷街道沿いの岩盤を切り通した石材店の入口に、大正時代の石室がある。建造物として大谷石の岩盤をくり抜いた唯一の事例。内部を覗くと石肌が露出している。入母屋造の主屋や、敷地の脇にある旧採石場など、石材店の生業が感じられる敷地も見学した。

屏風岩石材

大谷地区の入口に位置する元石材店の明治末期の石蔵。西蔵(座敷蔵)は、居住に用いられ、寄棟屋根と大きなアーチ窓をもつ洋風の意匠。東蔵(穀蔵)は、切妻屋根で妻面に棟持柱風の付柱をもつ折衷的な意匠。二つの異なる意匠で、大谷を訪れる人に、石の建築をデモンストレーションする意味もあったと考えられている。

旧大谷公会堂

1926(昭和元)年に建築された旧城山村の公会堂。村議会、芝居、映画などの会場として利用されていた。設計は、栃木県に初めて建築設計監理事務所を設立した更田時蔵(P.56 注 参照)。正面の付柱の幾何学模様には、大谷石が用いられた旧帝国ホテル(1923)のF.L.ライトの影響がみられる。

大谷石のまちなみ

徳次郎町西根集落

農村地域では、大谷石の蔵や納屋が農業に使われ、石の建物と石塀が連続する町並みが形成された。日光街道の脇街道の徳次郎宿の一部で、大谷石と同じ凝灰岩の「徳次郎石」（とくじらいし）が産出した。ミソ（斑点）がなく、青みがかり、均質で細工に適し、彫刻や石瓦などに重宝された。かつては多くの住民が石工や採石業を営んでいた。

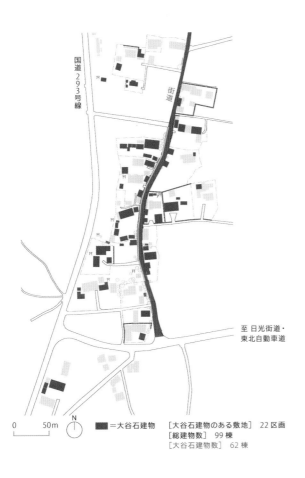

国道２９３号線

街道

至 日光街道・
東北自動車道

0　　50m　N

■ ＝大谷石建物　　［大谷石建物のある敷地］　22 区画
　　　　　　　　　　　［総建物数］　99 棟
　　　　　　　　　　　［大谷石建物数］　62 棟

各研究室の
活動紹介と
ディスカッションより

まちデザインゼミの初回である2014年は、参加研究室それぞれが、まちをフィールドとした活動について発表を行なった。それを受けたディスカッションでは、「共通する文脈と方法」をテーマに、大学の意匠系研究室や学生がまちと関わる意義と可能性について議論を行なった。

宇都宮大学　安森研究室

「まちデザインゼミ」という名前は、近年一般化している「まちづくり」とは少し違うもの、形あるものに結びつける姿勢を、我々は意識しているという話がありました。今回の「地域の素材」というテーマも、空間資源や物理的な素材を意味している。その一方で、人も含めて素材という側面もあるかもしれない。いずれにしても、発表していただいた各大学の取り組みは、クライアントから依頼されたものではなく、建築が立ち上がる土壌（フィールド）からのプロジェクトが多いのではないか。

地域の特徴は住んでいる人には、当たり前になっていることも多く、他者からの視線を含めたサイクルが必要になる。大谷石の集落でも、特徴的な石の景観の物理的な継承のためには、高齢化の下でコミュニティが存続していくことも重要で、いわば車の両輪としてまちデザインを考えることが大切だと思っている。

Projects

- 震災がれき大谷石の再利用による休憩所 [1]
- 宇都宮大学 UUプラザ
- 工学部8号館（建設学科棟）改修 [2]
- 釜川 川床桜まつり
- KAMAGAWA IN BLOOM　会場デザイン

信州大学　寺内研究室

木祖村のような過疎地域における施設整備は、過疎債ありきというのが自治体側の動機であることが多い。長野県は、村が一番多い県で、平成の大合併の際、山がちな地理的理由もあって多くの村が合併に至らなかった。しかしそうした外圧で、かえってコミュニティの意識は高まる。景観計画の作成には、コンサルタントが入る場合もあるが、大学が関わることで、アマチュアであっても、本質的な提案が期待されたと思う。

木曽の並び家は、典型的な宿場町の形式だが、過疎化の中で減築も手段としている。民間で持っていられず仕方が無いので、公共に転換ということになるが、お金をかけない公共施設というあり方が求められる。例えば、ゴミ集積場にしたり、個人の土地を道に変えたりする提案もしている。それには10年以上かかるかもしれないが、公と私が曖昧なのも地方の豊かさだと思う。

Projects

- 源流の里 木祖村景観計画 [3]
- 木祖村にぎわい交流施設設計 [4]
- 旧街道宿場町における空地と
  建物ファサードの構成
- 空き家調査

筑波大学　貝島研究室

あまり建築的にやっていないのは、個人的な興味でもあるし、大学の特徴でもある。初期は建物改修もやっていたが、学生が業者扱いされる場面もあり、それは教育上も良くない。むしろ、学生らしく、自由で流動的な発想や、アマチュアリズムも大切なのではないか。教え合う、学び合うことで、人と人、世代をつなぐことができ、学生が「接着剤」となることができる。桃の浦の漁師学校では、震災後、実行委員会から始まり合同会社を作った。当初は既存の漁協と対立もあったが、段々解消さ

れた。実際に関わっている人が少なくても、見ている人は多い。大学だけではなく、デザインは、「束ねる」という立場や役目を持っている。全体を見て意義づけること。直接的な設計というよりは、ネットワーク、人と空間をどう繋げるかを、使う・つくるを含めて構想していくこと。お弁当のプロジェクトは、4つの市の合併という背景があり、漁師学校は、山から海までを含めて漁村を復興するという背景があった。

Projects

- 稲敷お弁当PJ
- 下妻キャンドルナイト
- 牡鹿漁師学校 [5]
- 月浦集会所
- 塚原公会堂（コアハウス）
- 筑波病院PJ

- 生命環境ラウンジ改修
- 金華山道PJ
- 牡鹿探検BOOK
- 月浦集会所
- 小高区塚原まちづくり
- 塚原公会堂（コアハウス）

日本工業大学　小川研究室

日本工業大学は、自分たちでつくってしまうのがスクールカラー。設計だけでなく、大学内にものづくりの施設も充実していて、ファニチャー的なものなら製作できる。それが故にまちとの連携で難しいのは、貝島さんも言っていたが、学生が業者扱いされてしまいかねない点。最初に桜並木のベンチづくりが成功したが、その後の継続においては、予算と納期だけ伝えられるようなかたちになったので、それは違うと思い撤退した。一方で、障害者施設（ミントカフェ）では、設計から施工までほとんど学生が行なったが、アマチュアならではの不具合も、相談に始まり、「学校」のように関わることができた。つくっている姿がまちに見えることで、出会いや声がけもあった。

Projects

- まちプロ（宮代、まちプロジェクト）[6]
- 桜並木ベンチプロジェクト [7]
- 建築・都市環境デザインプロジェクト
  （みやしろベンチ）

前橋工科大学　石田研究室

前橋のシェアフラットで立ち上げたLLP（有限責任事業組合）は、商法改正でできた制度。出資者を募るが、実施には大学ではなく、私個人として出資者のひとりになっている。半分は政策金融公庫も活用している。LLPが建物を一棟借りして、学生にサブリースするという仕組み。元々は、商店街の活性化のコンペに応募したのが始まりで、事業企画担当者は、その段階から関わっている。商店街の理事も関わりがあり、最初は、疑心暗鬼の様子だったが、段々と熱意が伝わった。やはり時間がかかる。まずは信頼されることが重要。

学生や大学には社会との接点が必要。リアライズする機会は、実務的なことも伝えられる。建築分野はそうした接点を持ちやすい。前橋のシェアフラットは、計画は学生、実施設計は設計事務所で行った。表現者としてこだわったところは1点、「柔らかい界壁」を実験的につくることだった。

Projects

- 前橋市の近代化産業遺産を活用したまちづくり
- 旧大竹家煉瓦蔵　再生／利活用の提案
- シェアフラット馬場川
  空きビルを学生専用シェアハウスへ [8]

東京理科大学　岩岡研究室

「利根運河シアターナイト」は、研究室ではなく、学生の有志が主体的に続けている活動。学生が入ると「緩衝体」になり、まちの人もいろいろと意見を言いやすく、やりやすい。大学自体の垣根を低くすることも大切。昨日見学した大谷石の西根集落も素晴らしかったが、その魅力を住んでいる人は感じている

のかどうか。そこに意識的になり、まちを良くしていく原動力にしていくには、他者の視線も必要なのかもしれない。
自分が建築家であることと、ここでテーマになっているまちの話は、連続的に考えている。どちらも制約もあり、比率の違いかと思う。

Projects

・利根運河シアターナイト [9]
　2012 水と光
　2013 色と光
　2014 過去と未来を繋ぐ利根運河

9

2014.12.3 日本工業経済新聞

宇大で開かれた「まちデザイン」の発表

宇大など地方6大学の建築意匠研究室

地域素材を前面に　まちデザイン研究発表

安森研究室、大谷石の活用事例紹介

宇都宮大学の安森亮雄研究室と地方大学6校の建築意匠研究室は、合同研究会「まちデザインゼミ」を先月29日と30日に開いた。初日は各研究室の大学教員・学生らとともに、大谷地区の採石場や石蔵などを見学。2日目のシンポジウムには一般参加者も加え約90人が参加し、各研究室の地域素材を活用した「まちデザイン」の発表を聴講するとともに、各地域の共通点についてディスカッションした。

「まちデザインゼミ」（協賛・総合資格学院）は、地域と関わり、まちのデザインに取り組んでいる全国の6大学の意匠研究室がお互いの取り組みを発表し意見を交換する場としする場として、関東近

畿などの研究室が立ち上げた合同研究会。宇都宮大学の安森研究室、並びに信州大学の寺内美紀子研究室、筑波大学の貝島桃代研究室、東京理科大の岩岡竜夫研究室、日本工業大学の小川次郎研究室、前橋工科大学の石田敏明研究室と石黒由紀研究室の共催により今回初の開催を迎えた。

今回は研究室のメンバーが宇都宮を代表する地域素材である大谷石の採石場や大谷石資料館、街道沿いに多数の大谷石建築物が並ぶ徳次郎町西根地区を見学。大谷石の特性や活用方法などについて知識を深めた。2日目のシンポジウム開催にあたっては、まとめ役を務める岩岡竜夫東京理科大教授が「地方大学にとって、まちのデザインは共通のテーマ。故郷に貢献したいという学生が増えている昨今、6大学の研究室が意見を交換することにより、様々な成果が出るのではないかと期待している」とあいさつした。

その後、6大学の6研究室がそれぞれの地域での取り組みを発表した。信州大学寺内研究室は「長野県木祖村での取り組み」、筑波大学貝島研究室は「稲敷弁当から牡鹿漁師まで」をテーマとし、今回は「地域の素材」をテーマとしていることもあり、初日は研究室のメンバーが採石場や大谷石資料館などを見学。

2日目のシンポジウムでは今後、「まちデザインゼミ」を各大学で順次開催していきたいとしている。

6大学の6研究室では今後、「まちデザインゼミ」を各大学で順次開催していきたいとしている。

午後からは円卓を囲んでのパネルディスカッションが行われ、地方大学の建築意匠研究室の「共通する文脈と方法」をテーマに意見を交換。各研究室の発表内容を掘り下げるとともに、共通する課題やその解決策

紹介。また、宇都宮市が整備を計画するLRTの停留所に石蔵を利用する、といった、宇都宮市の再利用化や活用事例を見出すことによる居場所と風景」について取り組みの内容を実例を発表した。

安森研究室では、歴史的建築物や石蔵などでの大谷石の活用事例、同研究室がグッドデザイン賞を受賞した「震災がれき大谷石の再利用による休憩所」などの居場所と風景」について、取り組みの内容を実例を発表した。

室が「大谷石の活用による居場所と風景」について、取り組みの内容を実例を発表した。

県6地方大学の建築意匠研究室が立ち上げた合同研究会。宇都宮大学の安森研究室、並びに信州大学の寺内研究室、筑波大学の安森研究室、東京理科大の岩岡研究室、日本工業大学の小川次郎研究室、前橋工科大、東京理科大学岩岡研究室が「利根運河シアターナイト2012〜2014」、「大谷石の活用による居場所と風景」について。

＜まちデザイン＞と建築家の役割

建てること・住むこと・考えることの現在

モデレーター：安森亮雄／メンバー：小川次郎、石黒由紀／オブザーバー：足立真、寺内美紀子　　　　　Symposium 1

まちデザインゼミを振り返って

安森： これまで計5回のまちデザインゼミを行い、それぞれの回ごとにホスト校の研究室がとりまとめを担当してきました。各回のテーマのもとにまちや地域について考え、フィールドワークを行ってきたわけですが、ここではその内容を振り返りながら、各回の特徴や通底する考え方などについて、より議論を展開できればと考えています。また、「まちデザイン」の意味や、私たちが期待するもの、これからのまちや建築の方向性について議論を深められればと考えています。

　まちデザインゼミを始めたきっかけのひとつとして、われわれは建築意匠の分野を出発点としながら、それぞれが各地の大学の研究室としてまちに入っていく中で、どんなスタンスや活動をしているか、たまには話したいということがありました。建築家の職能や、建築設計の範囲も、近年拡張されつつあります。こうした前提に立って、今日は研究室を含めた建築家の役割や活動をテーマに座談会を進めていこうと思います。参加者の皆さんそれぞれの建築論に展開して良いと思います。

小川：「まちづくり」と「まちデザイン」の違いは何かということは、この座談会シリーズの基調テーマになると思います。それと同時に「まちデザインゼミ」としてやっていることと、ふだんそれぞれの研究室で行っている「まちデザイン」的な活動があり、それらは互いに絡み合っている可能性もあります。その二つの関係を考えながら、上手くひも解いていければと思います。

石黒：「まちデザイン」は、より具体性のある空間やまちをドライに捉えるものではないかと思っています。他の開催地を訪問させていただいて他者としてまちを見ることと、日ごろ内部に

いて身体化されたものとしてまちを紹介するホストの立場で捉えることの違いも分かってきました。

　また、個人的にはその二つに加え、東京で設計事務所の活動として、単体の建築の設計を通して周辺地域のことを思考するという、三つ巴の視点で考えています。大学でしかできないことと、設計事務所としてしかできないことの違いを考えています。

安森：振り替えると、この大学合同ゼミが立ち上がる2014年の企画段階で、どんな名前にしようかという話をしました。それぞれの大学研究室とまちの関わりをテーマにはするけれど、それをいわゆる「まちづくり」とすることには違和感があって、「まちのデザイン」ではないかと。その意味合いは、われわれが建築意匠の研究室の出身で、意匠と設計の研究室を主宰している中で、形あるもののデザインに結び付けていく仕事をベースとしている、その活動がまちと関わり出している、という認識があったのではないでしょうか。

フィールドワークとタイポロジー

安森：2014年の第1回は、宇都宮の大谷町で、地域の素材というテーマで開催しました。1日目は、大谷石という素材を中心に見て回りました。2日目は、宇都宮大学に集まって、午前中にシンポジウムを開き、各大学の活動を発表して、午後にその発表内容を踏まえて、共通する文脈や方法論についてパネルディスカッションを行いました。午後のディスカッションでは、研究室の活動は設計事務所とは違ってアマチュアリズムという側面があることや、学生がまちに入ることで地域の人びととの緩衝帯になるといったキーワードが出ていました。当時、前橋工大に赴任されたばかりの石黒さんも、各大学研究室の発表を聞いて、非営利的なまちへの関わり方やまちへの思いが活動のベースになっているとコメントされました。またこのとき、地元の建築家の更田邦彦さんにお越しいただき、大学の意匠系が世の中に入っていって、何か普通の建築の仕事ではない道筋をとることができるということがこの活動のメリットかもしれないとコメントをくださりました。このゼミを開始した7年前にそんな議論がありましたが、今日の座談会では、そこからの考え方の変化や深化についても伺いたいと思います。

　ちなみに私は、宇都宮大から昨年千葉大に移りましたので、現状について簡単にお話しします。意匠論の展開としては、われわれの出身の東工大坂本研をルーツとするタイポロジー（類型学）は重視していて、それを今の時代や、その先に進めたいという思いがあります。宇都宮大で大谷石という地域の素材に出会って、マテリアルの具体性と産業をもとにして、石蔵などのタイポロジーを展開していたのが、第1回のときです。

　千葉大学に移って、ちょうど今年の4月に、墨田区にサテライトキャンパスが開設されました。そこを拠点とするデザイン・リサーチ・インスティテュートという分野横断の組織ができ、建築、プロダクトデザイン、グラフィック、ランドスケープ、また医学部があるので予防医学などが連携して、まちでの活動が始まっています。私の前期のスタジオでは、今日配布したブックレットのように、ものづくりのまちである墨田で、地域産業の中で、町工場のタイポロジーに着目して、職住共存というテーマを展開しました。やはり、新たなまちや地域に入ると、そこを知りたいと思いますし、フィールドワークに取り組むことは常になっています。

千葉大学大学院 建築デザインスタジオ「町工場の世代と再生－墨田の地域産業における職住共存の行方－」。墨田サテライトキャンパスを拠点に、ものづくりの町・墨田区の町工場のフィールドワークと将来提案を行っている。2021年度は北部の金属業、2022年度は南部の繊維業・印刷業を対象に展開し、ブックレットにまとめている。担当教員：安森亮雄、森中康彰（非常勤講師）

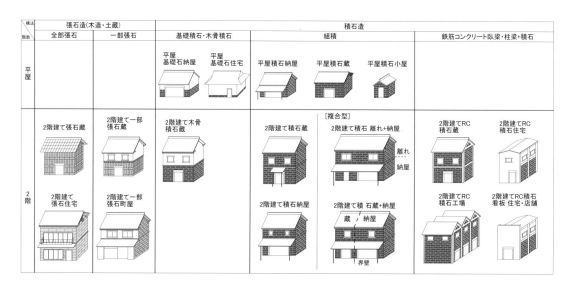

▲ 大谷石建物のタイポロジー。安森研究室では、2011年から、宇都宮市の中心市街地から農村地域まで、500棟以上のフィールドワークを行い（協働：NPO大谷石研究会、栃木県建築士会）、階数・構法・用途等の分析から、大谷石建物のヴァナキュラーな「型」を見出してきた。

まちの空間キャラクター

小川：宮代町（第4回、2018）では、特徴のないまちだね、というようなことから始まりました。宇都宮や前橋は県庁所在地であり、大きなまちです。県庁所在地に近いようなまちだと、そのまちを象徴するような建築や場所がありますが、宮代町は埼玉県の中でも大きくないまちですし、おそらく皆さんもイメージが湧きにくいのではないでしょうか。日ごろ大学にいる私にとっても、なかなか特徴がつかみにくいところがある。そういう中で何ができるかと考えたときに、宮代町を特徴づけるものを探そう、探すこと自体をまちゼミの目的にできないか、と。そのように逆説的な視点からワークショップを始めたと思います。でも考えてみれば、まちには必ず住んでいる人がいて、良くしていくことが求められるわけだから、どこでだってまちデザインを考える意義はあるはずだ、と。そんなところからスタートしましたね。

　それでは宮代のどこに着目するか、その着目したものの空間的な性質は何なのか、意匠系の研究室だからこそできるアプローチで、学生たちに挑戦してほしい、と問いかけました。このときは対象と空間キャラクターを、まちを歩きながら探しました。農業や住宅地、また農業に関連する水路など、何となくのまちの特徴はあるのだけれど、それをより丁寧に見ていくうちに、結果としては小さなスケールのもの、あるいは小さなスケールの空間で何が起きているのかということを、しっかり観察するグループがたくさん出てきました。

　その結果、リサーチした各班の成果を大きな地図に貼り込んでいって、宮代町の新しい地図をつくることを試みました。つまり、白地図や住宅地図では見えてこない、われわれがリサーチしたからこそ見えてくる、今まで潜在化していた宮代町の建築的、空間的な特徴をまとめてみよう、と。このような形でワークショップが終わったわけですが、僕としては面白かった。いわゆるまちづくりとして集まって活動して、目に見える成果を上げるというよりは、少し抽象的かもしれないけれど、建築や都市というものを専門的に考え、実践しているからこそ生まれた成果でした。抽象的な成果かもしれないけど、それを確かに得ることができたという印象をもっています。

安森：そうした宮代町のまちデザインゼミの活動と、小川さん

2018年の宮代町でのワークショップ。大きな白地図にリサーチで発見した場所の特徴を記入したり、写真を貼り込んで新しい地図を作成した。

の最近の研究室での活動の関係についてもお話しいただけますか。または、第1回のパネルディスカッションからどのように変化したか。小川さんの建築に対する向き合い方で変わった点などもお話していただけますでしょうか。

小川：宇都宮のパネルディスカッションのまとめを見て、「自分はこんなことを言っていたのか……」と思うところもあるので、だいぶ変わった部分があるのでしょう。「これからは設計者でありながら、まちを動かすファシリテーターという役割も担っていくのでは」と発言していて、これは今でも確かにそうだと思いますが、当時はまちに対して建築的な活動の実践者として関わっていくと、それが次第に広がっていって、まちに関与する割合も大きくなる……というように、まちとものの作り手の関係について比較的素朴かつ前向きに考えていました。

　ちょうどその頃、寺内美紀子さん、曽我部昌史さん、坂牛卓さん、槻橋修さんと一緒に、5大学研究室で埼玉県八潮市のまちづくりに関わっていました。最初はまちの一角にベンチをつくるくらいでしたが、最終的には駅前の大きな公園の設計にまで辿り着きました。デザイン監修者という形ではありますが、実

▲ やしお駅前公園プロジェクト

質的には設計の方向性を決める重要な役割を担うことになった
のです。これが私の中ではまちデザインのひとつの到達点かな
と思っています。実際にこの公園は夏祭りや定期的なイベント
でも使われていて、いまでも市民に愛されている感じがある。そ
れはそれで良かったなと思う反面、この公園のデザインが実現
したことで少し自分の中で、「どうなのだろう…」という感覚も
覚えた。まちのためにやっていること自体は良いのだけれど、対
象が大きくなるにしたがって誰の、何のためにやっているのか
見えにくくなってくる部分も生じる。大きな、「公」に対してよ
かれと思っていることが実現できたという達成感の反面、自分
の活動の相手が見えなくなるということもあって、一度冷静に
なりたいという思いが出てきた。

　一方で、宮代町で小さなカフェの設計をずっと続けてきまし
た。社会福祉法人が経営しているカフェで、障害者の方、ある
いは障害から立ち直った方々が店員さんのカフェです。そこで
は八潮のまちづくりとは逆の意味で、相手にする人たちの顔が
かなりよく見える。どういう人がどういう目的で運営していて、
そこで実際に働いている人はどういう人だという具合に。幸い
そのカフェはうまくいっているようで、その後2号店の設計を
もう2年ぐらい関わらせていただいています。そのような自分
の経緯もあったものですから、このまちゼミに何を求めるかと
いうときに、目に見える実践的な成果、実際に建築をつくると
いうこととは別の形で、何か建築的に意味のある成果を出した
いと考えるようになってきた。だから、先ほどの宮代町でのワー
クショップのように、結局あの地図をつくるということ、ある
いは抽象的な「分けることとつなぐこと」という概念について
もう1回考えてみるといった具合に、この集まりの成果はささ
やかな建築的意味を見つけることであっても良いのではないか、
と考えるに至っています。

宮代町のコミュニティカフェ・1号店

宮代町のコミュニティカフェ・2号店の設計・製
作が進行している

住みながらまちを変える

安森：石黒さんは前橋（第2回、2015）を主催されましたが、
振り返りと今のお考えをお願いします。

石黒：当時、ちょうどアーツ前橋で「ここに棲む」という展覧
会をやっていたので、まちゼミも「地域の棲まい方」というテー

「ここに棲む－地域社会へのまなざし」展。アー
ツ前橋にて2015年10月9日〜2016年1月12
日。地域の問題や環境に目を向ける14組の
建築家・アーティストの実践を通して、これから
の棲まいについて考えることを目指した展覧会
（p.044参照）

マで、居住環境や居場所をまち（地域）との関わりの中でどのように捉えていくかということを探りました。1日目にはこの展覧会とともに石田敏明先生の作品「シェアフラット馬場川」も見学しました。前橋の中心市街地は歩いて見て回れる東西1km南北0.7kmの中に、多様な主催者によるまちに発信する活動がばらばらで気ままに行われているという特色があります。また藤本壮介さんの作品「T house」など、建築家に理解ある発注主がいて、面白がって造ってくれる工務店もいます。かつての迎賓館である臨江閣という近代和風建築も見学しました。2日目は養蚕農家の集落を見学し、中心市街地から少し離れた元総社山王地区まで足をのばしました。この第2回から大学間混成チームで活動し、チームごとのアウトプットとして、気になったまちとの「とっかかり」を見つけて議論し、付箋に書き出して模造紙に貼り、傾向別に一覧し議論できるようにしました。

　7年経って思い返すと、前橋は多様な立場でまちと関われるきっかけがある地域だと思います。しかし、何かをやろうとするときに、過去のアーカイブやネットワークが貧弱で、広がらないというか、統合されない。市の活動でも、異なる部署がたまたま近い敷地で活動していても、全然情報共有されていない。この「ばらばら感」は相当根強くあって、最近は、それが前橋らしさかな、とも思っています。そこで、石黒研でのまちに関わる活動も、ある秩序の中で自分を位置付けて行うというよりは、たまたま出会ったタイミングでの対象や相手の流れに乗るような、動体視力と直感を駆使するスタンスになっています。

　研究室として、今（2021年11月）は空き家の改修を手掛けています。この活動は、前橋市が策定し、国交省の先進的まちづくり賞も受賞した「前橋市アーバンデザイン」の「リノベーションまちづくり」の一環として位置づけられており、担当者の前橋工科大OBからの声がけがきっかけでした。萩原朔太郎なじみの広瀬川周辺でのリサーチに基づいた空き家オーナーとのマッチングで、「学生が住みながら、納豆菌のように建物の価値を上げます」という提案が採択されて、実施に至りました。家賃を半減する分を、断熱性能力向上や吹抜けを使った光環境の調整、など労務費に充てようというアイデアです。採択後のプロセスも、大学関係者を始めとするさまざまな方々との関わりが生まれながら進んでいます。住民への周知イベントで、前橋工科大の建築史の臼井敬太郎先生と、建築の維持管理を研究し

ている堤洋樹先生、まちづくり会社運営のOBを交えたシンポジウムを行うとともに、「ウォーカブル前橋」というまち歩きイベントの拠点となりました。また、施工者や入居者として独立したOBが関わってくれています。さらに、空き家オーナーが解体業者なので廃材の処理や他現場からのリサイクル、大学の地域連携としての企業との漆喰塗料の共同開発など、研究室の縦と横の広がりとつながりが開拓されています。学生が、まちの資源に対して自主的に関わることで自分の空間を獲得するという、「ここに棲まう」ことが実現されているとともに、建築作品としてのある質が確保されたものになりそうです。

安森：まさに「住みながら」という方法が、石黒さんの建築観とどう重なるか、その関わりをもう少し補足していただけますか。

石黒：建築家としての可能性を追求し続ける姿勢とも共通する部分がありますが、完成形のイメージを設定してそれを目標にするプロセスではなく、既存建物調査での新たな情報や、他者

前橋市のアーバンプロジェクトのひとつである広瀬川周辺地域における空き家の利活用。前橋工科大学の学生提案「棲みながら改修し、建物の価値を上げる」が、空き家オーナーに受け入れられて実現した。

（写真左）アートレジデンスとなる三和土（タタキ）土間（天井高さ約3.5m）から茶庭だった南庭をみる。　（中）DKを見下ろす。奥は三和土（タタキ）の土間　（右上）敷地と周辺の土を再利用した三和土（タタキ）床を施工するワークショップ。地域住民の方も参加　（右下）出来上がった三和土床のシェアオフィススペースでのイベント

としての学生の意見でどんどん変化する状況の中で、その都度ベストを断続的に探求し続ける。そのことで、設計者としての自身の手癖を客観化できるとともに、自分の意見も他者と同じ程度にフラットに客観視して、複数の人が関係したからこそ生まれた建築ができあがってきています。そこに学生と進めるプロジェクトの醍醐味を感じています。

建築を考える場としてのまちデザインゼミ

安森：いろいろな視点が出てきました。まちデザインゼミの可能性や、まちデザインだからできること、またそれぞれの研究室や建築家としての展開の中で、今、まちと建築の関係をどう考えるか。冒頭で話した、デザインという単語をわざわざ入れたということにも繋がるかと思います。他者という言葉もお二人から出てきましたが、初めてそのまちに触れることは可能性でもあり、まちデザインゼミならではの観察の意味もあるかと思います。

小川：まちに関する活動をもう十数年やっています。まちに関する活動に関わりだしたときはあまり複雑には考えていなくて、自分の設計能力を、まちを盛り上げるため、面白くするために生かせるのではないかというぐらいの考えでした。それと同時に、いわゆる技術者的な関わり方をするだけではなくて、今は当たり前の考え方になったけれど、モノだけではなくてコトを共に起こす、という意識もアタマの片隅にありました。建築家には、空間を創造すると同時に、そこでの人々の行為や動きを想像して、それを引き起こすといった、モノとコトに関する一連のストーリーをつくりだす能力があるわけですよね。実務として建築の設計をしていると、なかなかそこまでは求められず、空間の設計に終始することが多いような気がします。まちづくりやまちデザインになると、緩やかに人の行為を引き起こすという方にももう少し関われるのではないのかな。それが自分の建築にとってひとつのチャレンジになるなということで始めたような気がします。

　ただ、やはり挫折もあるわけですよ。限界を感じることもあります。言葉は良くないけれど、状況次第で裏切られるようなこともある。こちらの誠意や、前向きに取り組みたいことに対

して、別の力学が働いて当初と違う方向に向かってしまう。そのことが、大学で学生と一緒に取り組むという活動形態にとってプラスには思えないように感じることも出てきたのです。そういうこともあって、今日最初にお話ししたように、だいぶ自分の中でも変わってきているという気がします。別に否定的に言うつもりはないのですが、まちとの関わり方をその時その時で慎重に探っていかないと、なかなか難しい部分もあるなと感じているのが率直なところです。

　あと、僕らはやはり建築家といいますか、設計を表現行為として考えて、雑誌に発表したり、メディアに発表したりして意味を問う、あるいは作品性のレベルを問うということもあるわけです。そのこととの整合性をどう取るかということも、常に考えざるを得ないと思います。

安森：研究室のある種の挫折や限界もある中で、まちデザインゼミだからこそできることや意味があれば、もう少し補足してもらえますか。

小川：今までの5回を見直した中で、やはり良いなと思うのは、毎回やっていることが違う点ですね。場所の違いもあるし、取りまとめをした方の考え方やキャラクターの違いもある。それぐらいの自由さをもっているところが、この集まりの良さかなという気はしています。

　ただ、さっきから言っているような経緯もあって、僕自身はまちデザインゼミを、学生と一緒に概念としての建築を根本的に考える機会にしたい。というのは、現在大学の置かれている立場や社会全体から、分かりやすく目に見える成果を限られた時間の中で出し続けることが求められる空気を感じる。大学で建築に関わることの可能性という点からは、実際に建築を実体として実現することも大切だけれど、一方で長いスパンで建築について概念的、理念的に考え、取り組み続けることも必要だと思っています。そういうこともあって、最近はまちデザインゼミへの関わり方は、建築を概念的に捉えるための機会にシフトしてもいいかなと感じています。学生に建築を考えることの楽しさ、今ある建築が全てじゃない、新しい建築の姿を考えてみよう、想像してみようということを体験してもらう、良い機会かなという気がしています。

安森：ある意味、研究室の活動は、大学や社会の求める成果主義に陥りがちなところがあって、大学で建築を考えるという本質やきっかけが、意外とまちデザインゼミの中でこそできるということもあるかもしれませんね。

　宮代町の回は具体的なテーマを決めなかったとありましたが、そこにもまちデザインゼミの特徴があると思います。例えばシャレットワークショップのように、同じように大学横断で行うものでも、まちの課題や将来に結び付くテーマで、実践的な提案を自治体などに対してする場合もある。そうした枠組みでは、成果を意識してしまう。小川さんがおっしゃっているように、明確なテーマはなく、まずみんなでフラットにフィールドを見てみようと。そのうえで今の建築とは何か、まちと建築の可能性とは何かということが議論できるのは良いことだと改めて思いました。

自分のまちをレビューする経験

安森：石黒さん、今の話の流れの中で、まちデザインゼミとは何か、可能性とは、研究室の活動とまちデザインゼミでできること、できないことについてどうですか。

石黒：まちデザインゼミでは日頃のゼミとは違い、ホスト校のときに学生が自分のまちを紹介するために、計画や運営に対して主体的に取組んでくれたことが大きな成果でした。立場が近い学生どうし50〜60名程度というのは、イベントをデザインする対象として丁度良い規模だったのかもしれません。ゲストかホストかという役割の違いによって得られるものも異なるようです。

　先ほどの小川さんの挫折については同感で、関係者が学生の作業を安い労働力としか見てくれない場合に起こりがちですね。異なる価値観の間で途方にくれたこともありましたが、失敗の経験も含めて学生と共有して経験にするしかないと最近では開き直っています。

　スピード感としては、担当学生の在学中にポートフォリオに入れられるように何かしらの形にしてあげたいと思っています。しかしながら、単年度で成果を出そうとすると発注者のペースと合わない部分が出てくる、などの問題があります。その中で

も、建築系の大学教員の立場、地方という場所性、建築家としての実務経験を生かす、という特徴を生かし、成果をソフト面だけではなく、見える形にしていくことがひとつの役割だと考えて、日々試行錯誤しています。

安森：前橋、小布施（第3回、2017）もそうでしたけれど、学生のホスト力はすごかった。ホスト校のレベルも上がっている感じがします。

石黒：まちデザインゼミという形式の中で自分のまちを見せなければならないという経験は学生にとっても大きかったと思います。あと、大学が求める短期的成果主義は、学生側にも気質の変化をもたらしているように思えます。事前に書いてあることを単年度で確認、取得するような参加意識が一般化していて、「何だか分からないけれど面白そうだから取組んでみよう」、とか、「この先生が面白そうだからしばらくついていこう」というような直感力、行動力、持続力が持てない学生が増えている。まちデザインゼミは授業とは違い、目的がぼんやりしている中で、何となく続いていて、楽しそうだからやってみようという雰囲気があります。おそらくクリエイターに必要な資質だと思います。

安森：教育の体制が割とシラバス主義というか、契約的な側面が強くなり、当たり前ではあるけど、書いてあることをしっかり遂行しなくてはならない。だから学生の資質だけではなくて、今の教育のある種の制度化、システム化の中で、本来学ぶとか、考えるということの可能性みたいなものや広がりが、授業の中でしにくくなっていて、そういうものをすくい取る場として、このまちデザインゼミが意外と生きているということを、石黒さんの話を聞いて改めて思いました。
　ゲストとホストの関係の話も、ホスト役を務めることで、ある種、自分のまちをもう一度レビューして紹介しなくてはならない。そこで学びと観察が深まる。人を迎えることで社会性も身につく。回を追うごとにクオリティーが上がっていって、まちを知ることの深まりがあるのだろうなと思います。

建築行為に時間をかける—建てること、住むこと、考えること

小川：安森さんにとって、日頃の研究室の活動や成果と、まちゼミとの関係、まちゼミに期待することは何でしょう？

安森：私は、普段からフィールドワークを行なっていることもあり、研究室や大学の活動とまちデザインゼミの活動は意外と連続しています。大学院のスタジオ課題などで、研究室横断で、あるテーマに取り組むこともありますよね。まちデザインゼミは、その最初の1～2週で行うまち歩きやリサーチをやっている気もしています。だから、まちデザインゼミも続けて、何カ月後かにまた集まるとか、合宿形式で1週間ぐらいやったら、それなりの展開や成果に到達する気もします。そういう意味では、それほど普段の研究室の活動だから、授業だから、まちデザインゼミだからという違いは根本的にはないのではないかと思います。でも、今お二人と議論をしてみると、まちデザインゼミは目的的ではない活動であることに、やはり特徴があると感じています。授業や研究ではテーマを設定するし、あるいは自治体や地元とつながってく中で、成果を見せられるものにしていきたいということもある。それらを取り払ってできる、1日や2日だけのまちデザインゼミは、気軽に建築の観察から本質的なことを話せる場なのかもしれないですね。

小川：基本的にまちデザインゼミでやっていることは、まちの観察やリサーチから何らかの意味を見いだそうということが前提になっていると思うのですが、その先の実践というか、実際の空間づくりに、その流れでスムーズに接続していくことを考えるべきなのか、あるいは一旦切断して、つくることと、考えることの意味を別の形で位置付けるのか。その選択はいつも自分でも迷っていることなので、お二人に聞いてみたい。ある意味、リサーチして意味を抽出して空間に反映しましたというと、理想的に聞こえる反面、やや予定調和的な点も感じます。大学でそれをやると非常に社会に受けるというのも分かりますが…。また、ものをつくることはそんなに単純なものなのかという疑問もある。少し古臭い考え方かもしれないけれど、ものの作り手として、それはどうなのだろうというところもあるのです。そんなに理想的にいくものなのかな、と。皆さんどうお考えですか。

かまがわ川床桜まつり（2013～継続）
釜川の取り組みは、その後、「カマガワヤード社会実験」（2019）などに展開した（安森研究室＋NPO宇都宮まちづくり推進機構）

安森：つくること、あるいは形にすること自体の意味が変わってきてもいいという気がしています。例えば、研究室の設計活動は、意外と時間がかかってしまう。空き家の改修でも、2年、3年とかかる。僕が宇都宮でやった空き家改修は内部に土間をつくるなどの内装に1年かけ、2年目は外の縁側空間をつくるなど、時間をかけた。けれど、そのことに意外と意味があるのではとだんだん思ってきています。それは、まさに「建てること／住むこと／考えること」というハイデガー[1]の話につながりますけれども。まちを観察することと建築化することの間に、使いながら住みながら空間ができてくるというプロセスがある。つくる過程で、こうした時間がかかってもいい気がしています。

　そこに作家としてとか、建築家として、ある形やフォトジェニックなものを実現したいという気持ちもなくはないけれど、そもそもそういう表現的な側面が建築の本質的なことなのかという感覚も持つようになりました。建築するという行為自体の意味合いを、もう一度考える時代に来ているのではないか。例えば、上棟式でお菓子をまくことは、建築行為が地域の祝祭的な場になるということで、そもそも建築や空間が立ち上がること自体、実は地域的な行事でもある。原始的な建築するという行為自体に、実は人間の生活や社会にとっての建築の本質のひとつがあると思います。そういう意味で、先ほどの観察することから、つくることまでに、あまりギャップをつくらなくても良いのではないかと思っています。そこに、現代において建築家という職能を今後どう考えるか、あるいは建築行為の範囲をどこまで捉えるかということが含まれている気がしています。

表現行為・批評行為の現在

小川：今の安森さんの話で印象的だったのは、時間がかかっても良いのではないか、という点です。建築設計の実務では、特に最近は時間がかけられませんよね。時間を引き延ばしつつ、そのときに関われるメンバーや、自分の考えも変わっていきつつ、建築ができあがっていくというか、続いていく。それは明らかに批評的な行為だと思います。

　安森さんの言う、建築行為は本来、祝祭性を帯びているという話も分かるのだけれど、そういうことだけであれば、本来そ

[1] マルティン・ハイデガー（1889〜1976）
ドイツの実存主義哲学者。ドイツ工作連盟ダルムシュタット建築展で「建てること、住むこと、考えること(Bauen Wohnen Denken)」と題した講演を行った(1951)。主著に『存在と時間』(1927)

うであったものに建築を戻すみたいに聞こえてしまう。そうで
はなくて、今の時代の建築にできることは何なのかということ
が出てくれば、すごく批評的な行為になると思うし、それは表
現になり得ると思う。自分は表現にこだわる人間のようですが、
表現と言っているのは、建築を通して社会に対して何か物申す、
「今それで本当に良いのでしょうか？」ということを込めていく
かどうかだと思うのです。だから、まちデザインゼミのような
活動が社会の枠組みの中に回収されてしまうようなことになる
と、はなはだ楽しくない。

石黒：表現としての批評的な態度といえるかわかりませんが、
「建築を通せば、目に見えないものや概念的なものも何かしらの
形を与えることができる」ということは伝えたいと思っていま
す。実際には数多くの現実的な要求に応える必要があり、批評
性にエネルギーをかける割合は減ってしまいがちなのですが、少
なくとも可能性を信じて必死に思考することから何かが生まれ
ると思います。
　確かに時間をかければよく検討された質の高い作品ができる
傾向はありますが、大学では科研費など助成金の期限もありま
す。制度から要求される時間の流れと、学生の教育的配慮に要
する時間の流れには、合わない部分があります。そんな中で、建
築家として大学は、これまで培った直感を信じて即興的に具体
性を提示するひとつの表現の場になっています。

つくること、楽しむこと

安森：ここまで話してきて、まちデザインゼミを起点に、今の
建築の置かれた状況や活動についての議論も深まってきました。
本日オブザーバーで参加されている寺内さんと足立さんにも加
わって頂こうと思いますが、いかがですか？

寺内：これまでの議論を伺っていて、小川さん、石黒さん、安
森さん、それぞれのスタンスの違いがよく出ていると感じまし
た。違いがすごく明瞭になって面白いのだけれども、一方で、そ
れでは私たちは何を共有しているから、今日のような議論がで
きるのかということを考えます。
　例えば、先ほど時間がかかってしまうとありましたが、一般

とみくらみんなのリビング（2019）。宇都宮空き家会議と連携し、安森研究室で取り組んだ空き家改修。地域の住民と「つかいながら、つくりながら、考える」をモットーに、元タバコ屋・駄菓子屋の建物の「庇・窓口・土間」によるタイポロジーを再解釈し、コミュニティ拠点へと再生した。

的な建築行為だったら時間はかけられないし、コスト管理も徹底しないといけないし、いろいろな外圧にさらされて建築をつくっているわけですよね。それが大学だとある程度余裕があって、一般的な市井での建設行為とは違うことができるわけです。そこに何か批評性があるのではないかといったときに、一方で、現状の大学では批評性はなくなりつつあると思うのです。

小川：私も現状の大学においては、そういう状況になりつつあるのではないかと危惧しています。

寺内：時間がかかって初めて批評性が出てくるとして、どこであえて時間をかけるのか。やっぱりつくることと考えることの幅の中で、つくるという実践に対して、意識的になれるかどうかに尽きるという気がします。
　スタンスも違う、持っているプロジェクトも違う、まちデザインゼミに関わる立場や期待も違うのだけれど、何か共有できるものがあるとすれば何か。自分なりに答えを出してみると、それが、まちをデザインすることと、まちづくりとの違いかなと思っています。やっぱり私たちは、まちづくりとあまり表立っ

て言わない。まちづくりの人たちは、支援だったり、お手伝い
であったり、伴走者であったり、その主体は住んでいる人ある
いはそのまちで何か営んでいる人だったりするわけです。一方、
私たちは徹頭徹尾、デザインする、設計する主体から降りられ
ない。それがわれわれの共有点を否が応でもつくっているので
はないかと。そういった共有点を、これまで5回やってみて、何
か考えられることがあれば3人に聞いてみたいです。

安森：寺内さんの言う、設計者として最後につくることが宿命
となるということは、その通りだと思います。まちにいろいろ
な立場で入っていると、このケースでは、手を動かさない立場
でいた方が、うまく話がまとまるだろうなと思う場面があるわ
けです。けれど、最後に何か形にしないと自分が関わっている
意味がないのではないかという想いがある。

　小川さんも出された批評行為になるか否か、あるいは表現とし
て成立するか否かということに関しては、建築の設計における作
家性や批評性が終わったというのは、もう20年ほど前に、われ
われの先輩のみかんぐみが「非作家性の時代に」[2] と言って、
1990年代後半からそういう状況が続いています。建築論壇が消
えてきているということも含めて、また、建築だけではなくアー
トも含めた表現分野で、表現者や作者にとっての批評行為として
の意味合いが時代的に変化してきている状況があると思います。
その中で、私は批評という言葉自体については、こだわりがな
くなっていますが、密度のある場をつくりたいとか、意味のあ
る場をつくりたいというのは絶対に外したくない。それぞれの
研究室が、それぞれのまちで実践していますが、実践すること
だけであれば誰でもできる。空き家の改修だって誰でもできる
し、むしろ、やりたい人はたくさんいて、学生や地域の主体的
な活動にも、いいなと思うものがあります。その中で自分が関
わるのであれば、やっぱり意味のある、あるいは密度のある場
を立ち上げたいという想いがあります。批評という言葉とは少
し違う気もしますが、それを批評と言ってもいいと思うし、創
作行為あるいは表現行為ではあると思います。それは今、世の
中にないものをつくるからです。まだ世の中に現前してないけ
れども、そこにあるべきもの、私たちの今の文化や暮らしの中
にあるべきもの、そして密度がある場をつくりたい。その密度
や新しいということの意味をどう実現するかということの中に、
先ほどのハイデガーの言葉ではないけれど、つくることと、使

[2]「非作家性の時代に」
みかんぐみによる論説。新建築住宅特集
1998年3月号に掲載され、当時の若手建築
家やユニット派をめぐる議論などに展開した。

うこと、住むことと、考えること、そこにもう一度立ち戻って統合して、次の時代、あるいは今の現実の中での新しさをつくることに意味があるのではと思います。

　もうひとつ、私たちが共有しているものとしては、方法論もあるかもしれない。例えば、タイポロジー（類型）を見ることは、東工大坂本研究室で共有してきたことです。まちデザインゼミのまとめ方でも、アイソメを描くほか、類型化までは至っていないけれども、宮代町では小屋のタイプみたいなものに向かってまとめている気もする。そういう意味でタイポロジーという方法論は引き継ぎつつ、その先に進みたいというのがあります。私としては、タイポロジーに時間軸やアクティビティ、あるいはマテリアルなどの具体を織り交ぜた新しい型として、ポスト・タイポロジーを見出したい。空間という概念は、20世紀的な、抽象的な存在でもあって、それはやっぱり坂本研究室の時代の限界だった気がします。空間で切り取ること、20世紀は、文脈や時間と空間を切断するという態度が批評になったと思います。それが21世紀、われわれが生きる中で、もうひとつ具体性、マテリアルや、人間の活動を重ねたタイポロジーを見出していきたいと思っています。

寺内：確かにタイポロジーを学び、タイポロジー的に社会を見る、空間で切り取ることを上位に置くトレーニングをしてきたから共有できることがある。ただ、それは受けた教育が一緒だからということにもなる。

小川：こういう建築を考えたいと設定するのではなくて、こういう活動をすることを通して、それぞれが建築について発見していければいいような気がします。だから、共有しなくてもよいのではないかな。共有すべきことがあるとしたら、「まちを眺めながらぶらぶら歩くと楽しいよね」くらいでも良いのかなというほど、私は適当に考えています。安森さんの言っていることは十分、批評性があると感じました。批評性というと言葉が一人歩きして、皆の理解が違ったりするから、難しい部分がありますよね。だけど、安森さんが言っている言葉で印象的だったのは、今ないものを出現させる、もしくは発現させたいという話です。そのこと自体、僕は十分批評性があると思います。また、日常性とどう関わるかということを注意深く考えたほうがいいのかなと思っています。大上段にというか、概念的に建

築を考えるのではなくて、もう少し自分の身の周りのスケール
とか、身近な行為、人との関わりの延長の展開として建築を考
えていくと面白いのではないかといった感性は若い人も持って
いるだろうし、われわれもどこかでそういうものがあると思い
ます。日常の延長線上で建築を考えることは、これまで建築の
メインストリームの中で批評的な行為、活動になり得るとは思
われていなかった節がある。それをまちゼミの活動を通して考
えて、展開している。

　一方で、視点を変えると、さっきから断片的に話題になって
いますが、そういうやり方は簡単に社会に組み込まれかねない。
世の中の期待とか、システムとか、制度とか、大学とかいった
ものに。そういう危険性も僕は感じていて、そこは少し慎重に
考えたいなと思っています。僕はもう少し大学でやれることの
意味、もう1回、宮代のまちデザインゼミに戻ってしまうけれ
ど、そこで「つなぐ」とか「分ける」とか、領域や空間の問題
を学生と一緒にものすごく素朴に考えてみたことに手応えも感
じたし、学生がそういうことの楽しさを知らないのではないか
という気もする。それはここ数年の社会や建築を取り巻く日常
重視、あるいは目に見える成果重視の空気の中で起きているこ
とかもしれない。

まちに住むことと相対化すること

石黒：かつて建築教育がしっかりと機能する場として研究室が
あったと感じています。同じ研究室で学んだ後に自分が教える
立場でやってきたことがどうなのか、と思っていましたが、ま
ちデザインゼミという共有の場があることで相対化できました。
社会の要請によって教育に変化が求められる場合でも、何か本
質的に継続するものとして研究室という場があり、共有してい
く意味があると実感しています。

寺内：みんなそれぞれ自分の研究室を持っている。共有すると
ころはそこかもしれない。

安森：各大学の建築学科に、研究室はたくさんあると思います
が、どういう意味の研究室ですか。

土地区画整理によって建て替えられる建物について、住民主体の「まちなみモデル調整会議」を開催して協調建て替えのためのデザイン調整が行なわれている。「もてなしのニワ」をキーワードとした通りに面する外観や外構の魅力、隣り合う建物相互の良好な関係、まちなみの一体感などについて、地権者や設計者が集まって話し合い、共感と同意を形成しながら新しいまちづくりを進めている。

土地区画整理事業主体：草加市（都市整備部 新田駅周辺土地区画整理事務所），まちづくりコンサルタント：昭和株式会社
まちなみモデル調整会議アドバイザー：足立真（日本工業大学）

駅前側からの視点を受け止める敷地の角に、植栽とベンチを設置したポケットパークをつくり、商店街の入口に開かれた「もてなしのニワ」を提供

1階と2階の外壁を分節し、建物の単調さと圧迫感を軽減

突き出し看板や、立て看板などで店先を演出

木調のドア

アッパー照明によって建物や植栽を演出

ベンチの設置

歩道から店舗入口までバリアフリーに配慮した設計

角地である立地を活かして店舗と住宅の入口を分け、建物をセットバックさせて店先の外部空間を豊かに演出

2・3階を覆う木調ルーバーが建物の表情をつくり出す

吊り下げ看板を設置

高木・中木・低木を織り交ぜて実のなる木を植栽

外部空間をタイルで仕上げ、歩道の延長として開放された場所に

小川：イデオロギッシュな研究室。

寺内：イデオロギッシュ?! こういう感覚で設計したいとか、建築のことを考えたいという若い人たちはいっぱいいると思うのですよ。だから、私たちもワンオブゼムに過ぎない。その中で大げさな言い方になりますが、20世紀的建築を超克したい。やっぱり日常的な視点だったり、あるいは社会に回収されないための批評性だったり、その辺りは今後も続いていくのだろうなと思いつつ聞いていました。

足立：まちとの関わり方で何を共有しているか、あるいは共通点があるか言うと、われわれは誰も活動のフィールドである大学のあるまちやその近くには住んでいない。例えば、私は新田という埼玉のまちで、土地区画整理に伴うデザイン調整 [3] のような仕事をやっていて、誰々さんと名前が分かる人たちと関わりながら取り組んでいます。自分もそこに住んでしまった方がいろいろやりやすいのかなと感じるときもあるけれど、入り込んで、そこの当事者になってしまうと良くなくて、外からの視点で関わることに意味があると思っている。
　一方で学生たちの関心をみていると、自分でつくりつつ、そこに住んでプレイヤーの一人として活動するのが、まちに関わる建築家のあり方と考えているような節がある。若い人で、地

方でがんばっている人も多いですし、そのような実践を紹介する本も多く出ている。それはそれで面白いと思うし、まちを変える力になっていると思いますが、そのようなスタンスに対してわれわれは一線を引いています。距離感の取り方が大事なのだろうなと思います。これまで、まちデザインゼミでいろいろなところに行って、自分のまちではないところでも、やっぱりその空間を楽しむことができている。われわれが分析的に建築や空間を捉えてきた「相対化」という考え方に、そこに入り込んでしまうと見えなくなるものがあるという教えがある。

小川：それは、やはり「想像力」の問題ではないでしょうか？イマジネーションをもってその場に関われるか？という。それはすごく大きいのだと思う。世の中的に見れば、場所にはり付いてやってくれることの方が好まれる。住んでいる方々の気持ちもあるでしょうし。だけどそこでこらえて、少し離れた立場から、あたかもそこに居るかのように想像しつつないものを生み出すというのが、やはり建築の醍醐味であり、かつ設計者としての大きな意義なのではないでしょうか。

安森：今話してきた文脈で、住むこととは、直接そのまちに住むことだけを指すのではなく、場に関わること、その空間を使うことを含む次元の話だと私は思っています。そのうえで、まちへ具体的に入り込みつつ、相対化の視点を持っていることは大切だと思います。だから、かつての空間だけを考える相対論ではない、具体と相対の両方に軸足を置いて、次の時代を考えることに可能性があるのではないでしょうか。

▲ 2014年 宇都宮でのまちデザインゼミ（ホテル山にて）

Activity Report

2015　群馬県前橋市

Maebashi, Gunma Pref.

地域の棲まい方

前橋市は、過去に生糸産業などで繁栄した時代の生業としての生活遺産（ある意味民俗学的）が現在もまちの至るところに見られ、現代的なものと古いものが混在している。それらの利活用について、地元住民、客人、大学関係者、学生、行政、第三セクター、民間企業などの多様な立場の人々が、ときにジャンルを超えた協働で、問題意識を持って主体的に関わっている。各自の身の丈のマイペースで、まちに棲息する人々の活動の現れとしての多様な「棲まい方」に着目し、地域の可能性を探る。

参加校　　前橋工科大学［石黒研究室・石田研究室］／宇都宮大学［安森研究室］／
信州大学［寺内研究室］／東京理科大学［岩岡研究室］／筑波大学［貝島研究室］
日本工業大学［小川研究室・足立研究室］／武蔵野美術大学［鈴木スタジオ］

ゲスト　　星 和彦 氏（前橋工科大学 教授）

スケジュール

11.28 sat

9:45	前橋駅集合
10:00	まち歩き
11:40	前橋中央商店街にて昼食
12:40	アーツ前橋・T house・シェアフラット馬場川 見学
15:50	前橋市中央商店街出発（大型バス）
16:00	臨江閣・るなぱあく見学
18:15	前橋市赤城少年自然の家 到着
18:30	夕食
19:45	入浴
21:00	各大学活動紹介 兼 懇親会

11.29 sun

7:30	朝食・施設掃除
8:45	前橋市赤城少年自然の家 出発（大型バス）
10:00	総社町山王集落 養蚕農家 見学
11:50	前橋工科大学 到着・昼食
12:40	大学内 今宿の家実寸軸組模型見学
13:00	シンポジウム：テーマ『地域の棲まい方』
14:00	グループごとに案を発表 質疑応答
15:00	ディスカッション
16:00	閉会・解散

赤城少年自然の家での懇親会

商店街のまち歩き

前橋工科大学でのシンポジウム

中澤庵（広瀬川コート）

比刀根橋

厩橋

レストランポンチ

交水堰

水車

広瀬川美術館

ニャーギンズ（旧武蔵屋）

大蓮寺

弁天アパートメント

厩橋弁天村

valo KIOSKI

弁
天
通
り

広瀬川

萩原朔太郎
記念館

朔太郎橋

呑竜横丁

ya-gins

島田フルイ店

弁天シェアハウス

諏訪橋

立川町大通り

不思議なお店

まちのほけんしつ

いきいきサロン

太陽の鐘

至中央前橋駅

しののめ信用金庫
前橋営業部

竪
町
通
り

竪町スタジオ

八番街広場
（中央広場）

comm

オ
リ
オ
ン
通
り
商
店
街

中
央
通
り

銀座通り一丁目

カメヤ
（シェアハウス）

前橋テルサ

maebashi
works

まちなかサロン
（マチナカさん）

スズラン
百貨店

（仮）前橋工科大学
サテライトキャンパス

千
代
田
通
り

前橋ガレリア

銀
座
通
り
二
丁
目

マエバシモニュメント

（仮）カレー屋

つじ半
なか又

GRASSA

シェアハウス馬場川

マルカ

馬場川通り商店街

煥乎堂書店

まちなか研究室

アーツ前橋

馬場川

ルルルなビール

白井屋
ホテル

前橋プラザ元気21

国道50号

旧勝山社煉瓦蔵

2015年に存在

2015年以降

アーケード商店街

商店街

N

0   100m

まち歩き

弁天通り商店街
弁天様を祀る大蓮寺があり、その縁日に当たる毎月3日は「弁天ワッセ」が開催される。前橋工科大学松井淳研究室が手がけた「弁天シェアハウス」などがある。

valo KIOSKI（左）・厩橋弁天村（右）
カフェバー・美容室・住居からなる「valo KIOSKI」と展示やワークショップも開催される弁天村。親子二代でまちに住み魅力をつくる活動を行っている。

八番街広場（中央広場）
中心市街地のメインの屋外イベント広場（仮設で屋根をかけることもある）。多様な活動に使われる公共空間がアーケードの中央通り商店街に開放感をもたらしている。

アーツ前橋（設計：水谷俊博建築設計事務所）
百貨店からのコンバージョンによる市立美術館（2013年竣工）。創造、共有、対話を活動のコンセプトとし、さまざまな市民参加型イベントを展開している。

呑竜横丁
ヒューマンスケールな裏路地の飲食店街。以前は戦後の闇市を感じさせる飲み屋街であった。

Q（9つ）の商店街の看板
中心市街地の9つ（Q）の商店街にちらほら残る昔ながらの素朴な看板は、ロゴにも店主の人柄が表れている。店の品揃えもこだわりの店が多く、昔からお隣さんと付かず離れず、この地で店を構えてきた心意気を感じる。

まちづくり活性化モデルとしての「シェアフラット馬場川」

学生のまちなか居住を目指して

バブル経済が破綻した1990年代初頭、前橋のまちなかにあった大型商業施設が相次いで撤退してから、九つの商店街から構成された中心商業地「Qのまち」は次第に衰退していき、商店街には空き店舗が目立つようになった。

前橋工科大学石田研究室とまちづくりコーディネーターの小林義明氏が協力して、まちなかのフィールドワークを通して群馬県商店街活性化コンペ2012年・2013年に空きビルを若者のまちなか居住のための学生専用シェアハウスとしたコンバージョン案を応募し、それぞれ優秀賞、最優秀賞を獲得できた。これを機にまちなかで市民参加型のシンポジウム-「ハコ」から「コト」へストックを生かしたまちなか居住を考える[1]を開催し、地元新聞社の関心と協力もあり、まちなか再生の機運となった。

「シェアフラット馬場川」（旧竹田ビル）は前橋中心市街地「Qのまち」のメインストリートである中央通り商店街と馬場川通り商店街の交差点に位置し、近くには大型商業施設を市が買い取り改修した「こども図書館」や「中央公民館」が入った複合文化施設「前橋プラザ元気21」（2007年改修開業）や現代アートミュージアム「アーツ前橋」（2013年改修開業）などがある。まち歩きから見つけた1969年に竣工した雑居ビル「旧竹田ビル」は南面道路と馬場川に面した南面間口の広い建物で居住には好立地であるが、空きビルになって既に15年ほど経過しており、ガラスの破損箇所から鳩が棲みつきかなり荒廃していた。[2-1,2-2]

1

2-1（外観）　2-2（内観）

3

4

石田敏明

建築家・前橋工科大学名誉教授

まちづくり活性化の仕組み　−前橋モデル−

コンペ案を実現すべく具体的な事業の運営母体として2013年に数名の有志により「前橋まちなか居住有限責任事業組合(LLP)」を設立し、中央通り商店街役員や市民有志からの出資金と協力を申し出てくれた日本政策金融公庫からの融資を主な事業資金とし、LLPの協力を得て石田研究室で改修計画に着手した。建物所有者を特定しビルの賃貸契約を結び、実測調査と図面作成、役所との法的な協議を経て工事が始まった。工事の終盤では卒業生や在学生、市民集団などの協力を得てペンキ塗りのワークショップ[3]を行い、2014年2月に竣工、3月から入居が始まった。前橋市からは10時間/月以上の「まちづくり活動」を条件とした学生居住者への家賃補助制度（月額8,000円）[4]を新たにつくっていただいた。また、2016年から「都市魅力アップ共創推進事業」である「前橋ビジョン」が民間協働で始まり、注目度の高いいくつかのプロジェクトが完成している。

「シェアフラット馬場川」[5]のまちづくり活性化の仕組み「前橋モデル」[6]は県主催の活性化コンペ提案からはじまっているが、大学・民間・自治体・市民有志・地元メディアなどが一体となることで達成できたと思っている。2019年時点、中央通り商店街では新店舗の開業が相次ぎ、活況を取り戻しつつある。今後はSNSを通じて現況や活動の様子を全国に発信し続けて行きたい。

5

前橋モデル　コミュニティ活動を通したまちづくり

千代田町二丁目
各種自治会イベント

シェアフラット馬場川
各種イベント参加
自治会参加

行政

中央通り商店街
各種イベント

LLP
前橋まちなか居住
有限責任事業組合

前橋工科大学

アーツ前橋
ミニギャラリー

前橋中心商店街
協同組合

空き店舗所有者

社会的波及効果

全国の『まちづくり』への発信

6

視察：「棲まい方」とその周辺環境

「ここに棲む－地域社会へのまなざし」展

「住む」ではなく「棲む」という、あえて野生的な響きのある言葉を用いて、生活の場所をテーマに「地域社会への眼差し」として多角的な提案がなされた。かつて近代化で盛えた地方の主要都市「前橋」にて、しかも東日本大震災時にプロポーザルを決行した市立の美術館「アーツ前橋」での展覧会として、震災復興中の日本の都市と地方の関係性や、近代の見直しとしてのグローバリズムとリージョナリズムの双方を批評する姿勢も問われた。

T house（設計：藤本壮介、2005年）
住まい手が年に数回、家開きを行い、生活空間の中のアート作品を地域に開放している。

臨江閣（1884年）・るなぱあく（1954年）
旧前橋城の城址エリア、お壕の中にある、市内有志の協力と募金により建設された旧迎賓館（国指定重要文化財）と官製児童遊園地（園内もくば館等：登録有形文化財）

総社町山王集落
「生産と直結した日本の機能主義建築（星和彦氏による）」である養蚕農家、北西のからっ風の防風林である〈樫ぐね〉、〈往還〉など、養蚕を生業とする生活の歴史的景観が維持されている。

ゲスト講師（山王集落のガイドおよび解説）
星 和彦 氏
前橋工科大学学長（2015当時）/工学博士
専門分野：西洋建築史（英国建築）、建築文化資源学

寄稿： いってみたいな よそのくに

まちあるきに発見する前橋フロンティアスピリッツ

臼井敬太郎

前橋工科大学工学部建築学科 専任講師

　群馬の県庁所在地である前橋市。新幹線の通らないまちは少々閑散としている。だけど、滔々と利根川が流れ、北に赤城山がそびえる風光明媚さは特筆される。富士山に次ぐ赤城山裾の広がりは、関東平野の終わりを告げるエッジの一部分をなす。東京から程よい移動距離は、中央からの政治的、経済的、文化的支配から自由で独特の文化を生み出している。まちあるきの中でも感じられる緩やかな時の流れ、互いの顔が見えるまちのスケール感、珠玉の建築作品群などは、注目に値する。また、前橋はベトナム難民支援施設あかつきの村や、南スーダンのオリンピック陸上選手の支援など「よそもの」を受け入れる器が大きいのである。まちあるきをしていても、建築を学ぶ者と分かれば、よそものであっても個人宅に上げていただいたり、お茶を出してくださったりする。市内にある住宅作品「T house」（藤本壮介設計 2005年）もそんな器のひとつである。私は時々、課外授業で学生たちとお邪魔するのだが、いつだったかオーナーは「家が豊かでなければ、街は豊かにならない。地域の豊かさに気づかなければ、世界の豊かさに気づけない。」と語ってくださった。

　家とまちと世界の豊かさが連続的につながる、学生を応援するオープンでグローバルなマインドは一体どこからやってくるのか。ひとつのヒントは、このまちの成り立ちにあるのではないか。広大な南斜面、太平洋に注ぐ利根川の豊かな水流を生かし、明治時代より養蚕、製糸のまちとして大いに栄えた。かつて日本の輸出品目第一位を誇った生糸である。「MAEBASHI」は海外における日本製生糸の代名詞でもあった。まちは産業構造の変化と第二次世界大戦における大空襲によって、蚕糸業の面影は、山王集落の養蚕農家や点在する赤レンガ倉庫 [1]、「前橋市蚕糸記念館」[2]など、わずかに残るのみである。

　しかし、世界に目を向け日本を動かしてきたフロンティアスピリッツは脈々と引き継がれている。国民的童謡「うみ」を作曲したのは前橋出身の井上武士。「うみ」の3番フレーズを覚えておられるだろうか。「うみに おふねを うかばせて いってみたいな よそのくに」である。1894年生まれの井上は、幼少期に見ていた前橋の原風景を織り込んでいる。当時のまちには、日本経済のエンジンであった製糸工場、赤レンガ倉庫が林立し、全国から女工さんが集まり、彼女たちを迎える娯楽施設も充実し、そして、海の向こう側に広がる生糸市場を見据えていた。かつて世界を視野に稼働したまちは往時と異なり、地域にも期待を注ぐ。前橋は、新潟や長野からの女工さんを温かく迎えたように、まちあるきする我々を歓迎し、「シェアフラット馬場川」（石田敏明＋タノデザインラボ設計 2014年, [3]）に住む学生たちを励まし、「100人のディナー」（MMA設計 2017年, [4]）など、まちなかで建築に夢見る若者たちの試みを大いに応援してくれているのだ。いつか若者たちが「よそのくに」でも活躍することを夢見て。

1. 安田銀行担保倉庫

2. 前橋市蚕糸記念館（写真：毛利聡）

3. シェアフラット馬場川（写真：石田敏明）

4. 100人のディナー（写真：木暮伸也）

調査・分析／ディスカッション

まちの中に棲むこと

班ごとのワークショップ形式にて、視察での発見、問題点、意見、などを付箋に書き出し、スケッチや言葉を用いて分析およびまちへの提案を大型紙にまとめて発表。各校教員と地元の建築家・建築関係者を交えてディスカッションを行った（前橋工科大学の大教室にて）。

A班 ストックで緩く塗替えていくまち

スケールや道がばらばらなことを魅力と捉えた。まち更新の際、既存を整えすぎないほうがよい。時間を経て新旧を連続させるため、古材を再利用できるように、一時的にストックできる倉庫のような場所があるとよい。

B班 若者が鍵

○○部、○○特区などのフレームを利用してまち関連の活動や発信に積極的な人々と、関心の薄い人々（新/旧）との温度差がある。利害関係のない若者の存在がキーになる。若者にとってリノベより簡単な、屋上のイベント利活用（飲み会、上映会等）など。

C班 空き家利活用から

リノベ建築は白色が多く、アーケードには光の濃淡がある。屋上に小屋がいくつかあり魅力的。まちなかにアート作品が多く、アーティスや友人らが集まったり展示する場もある。

D班 ひとがまちをつくる

まちの活気の中心が商業からアートや歴史などの文化に移行し、学生や若者が関わりやすくなった。排他的な雰囲気の店構えでも、中に入ると商店主がものを売ることよりもお客様とのコミュニケーションを大切にしていた。

E班 これからの職住近接のあり方

養蚕農家の垂直の職住近接、シェアハウスの緩さ、商店街アーケードの商品はみ出しなど、境界を感じさせないおおらかさ、棲まうたくましさ。「T house」のような建築家の住宅も施主様のウェルカムな雰囲気のほうが印象に残る。9つの商店街は東西方向につなぐことでより関係がつながるのでは。

F班 マップにして見える化し、まちを使い倒す

前橋市には中心性がなく（例えば長野市にはある）目指す方向が不明解。各自のベクトルの向きが多様（昭和を感じさせる装飾、アーケードの上部、屋上の小屋等）商店街の「バッタ文庫」という貸本屋は店頭に小さな椅子をおいて開かれた印象だった。これら個別の魅力をマッピングで総合的に俯瞰する

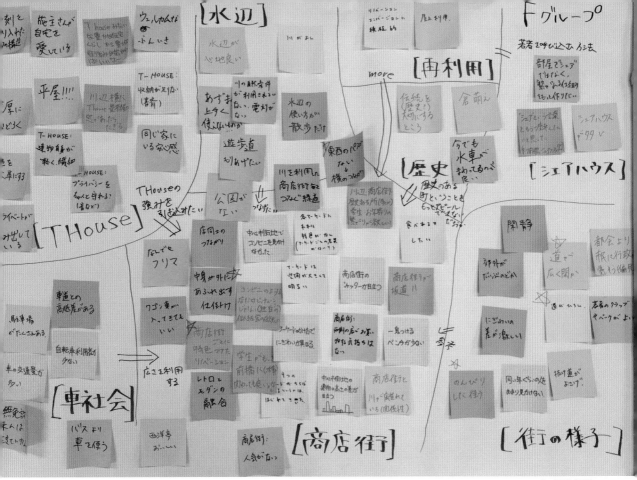

ワークショップの成果物（F班）

Summary

前橋の中心市街地の特徴である「アーケード」の魅力として、ハード面では、〈上下層の異なる空間の隣接〉、〈外部の内部化による公私の反転〉、〈点を線でつなぐきっかけ〉、〈学生は求心力がないというが立派にまちの核になっている〉などが挙げられた。またソフト面では、〈地域密着型のオンリーワンの品揃え〉、〈敷居は高いが一度懐にはいるとフレンドリーな店主〉、〈半屋外での現代演劇の舞台利用〉なども挙げられた。さらに、都会と違って店の間口が広く奥行きが浅いことから、〈屋上の活用によって視点を変える〉という意見もあった。一方、高齢者施設の商店街側のスタイリッシュな外壁を見て、〈古いライフスタイルを継続したい住人〉にも意識を向ける投げかけがあった。養蚕農家の伝統にみられるような、「職住近接」の生業とともに棲む形式は、通常は商店街にも共通するイメージである。しかし前橋は、店主が郊外に住んで通勤しているケースが多く、コンパクトシティを目指す行政もまちなか居住に対して補助金制度を用意しているが、うまくいっていないのが実情である。「職住近接」は生活にゆとりを生むので、職業を複数もつライフスタイルの報告もあり、都心部のサラリーマンとは異なる時間や季節の感覚、人的な密度、また「もの」とのこだわれる関係づくり、等の可能性を秘めている。〇〇特区や〇〇部（大人の部活動）などのフレームをうまく利用して、情報発信や共有をしながら、イベント（非日常）と日常の中間的な時間を持てるのも地方の魅力である。

フィールドへのまなざし

建築とまちをつなぐ新たなロジック

モデレーター：寺内美紀子／メンバー：鈴木明、安森亮雄／オブザーバー：足立真、小川次郎 Symposium 2

まちのオーラを共有する

寺内：今日お話したいテーマは二つあります。まず建築の見方、楽しみ方を私たちはまだ十分には知らないのではないかということです。まちゼミはさまざまな文脈の中で建築を見ようと志向してきました。それぞれのまちをどのように見てきたのか、あるいは今各研究室で取り組んでいることも踏まえて、まちをどのように見たいのか、観察者としてお考えになっていることを伺いたい。

　もうひとつは、まちを見るうえで歴史的な文脈や時間軸をどのように考えているか議論したい。これも、まちゼミの重要なテーマだと思っています。

鈴木：我々はどうしても建築家の立場から建物を見てしまうから、歴史や文化についてはあくまで背景としてしか見ていないところがあります。特に、近代建築の保存活用を目指す国際的なネットワークである**Docomomo** [1] の会議が先日終わったばかりなので、そのことがここ最近は強く意識されます。かつての近代建築に対する考え方は、近代建築はそもそも使い捨ての建築だという捉え方でした。しかし、ドコモモをはじめとした保存運動は使い捨ての見直しから始まっています。一方、まちゼミが取り組んでいることは、要するにパッとしないまち、例えばかつて何かの産業で盛り上がっていたまちが、その産業自体が駄目になってしまった、あるいは交通のインフラが全然違うところに行ってしまった、そういったまちに行って、かつての建築あるいはまち並みはものすごく重要な資源ではないか、それをないものにして、ゼロから建て替えてしまうことはどうも違うのではないか、という視点でまちを観察します。

　逆に言うと、近代建築はスポットで立ち上がっていたが、今はスポットの問題だけではなく、広域に広がっているわけです。

[1] Docomomo
Documentation and Conservation of buildings, sites and neighborhoods of the Modern Movement。モダン・ムーブメントにかかわる建物と環境形成の記録調査および保存のための国際組織。オランダのフーベルト・ヤン・ヘンケット（アイントホーヘン工科大学教授、現デルフト工科大学教授、初代会長）の提唱により1988 年に設立された。近代建築史研究者をはじめ建築家、建築エンジニア、都市計画家、行政関係者などが参加する。
日本支部（DOCOMOMO Japan）は、1998年に日本建築学会の建築歴史・意匠委員会下のドコモモ対応ワーキンググループを母体として設立され、20 件の建築物を選定（2022年現在254件を選定）。2016 年 7 月には選定建築とした国立西洋美術館（ル・コルビュジエ設計、1959年竣工）が世界遺産に登録された。

そういう資源があることに着目して、それをどう評価するかということが根底にあると思うのです。

　例えば、中央線沿線の武蔵野市、小平市の辺り [2] は戦争中に軍需ですごく盛り上がり、人口が増えていった。近くの立川に飛行場があるおかげで飛行機の産業が興った。飛行機はエンジンから機体まで裾野が広い産業だから、まちがすごく栄えたのです。日本中から技術者を呼んできて、武蔵野市や小平市に住まわせました。住宅公団の前身の住宅営団が建てた住宅もあります。しかし、戦後になってそれがもう全部なくなって畑に、そして、畑をまた再開発して現在の住宅地になったのです。だから武蔵野市や小平市のような事例にならないよう、単に建築だけではなくて建築を取り巻く環境を資源として考えて、まちづくりなり建築なりを考えていかなくてはいけない。それが今日言いたいことのひとつです。

　それからもうひとつ。僕は駒込で『たてもの応援団』[3] という集いに入れて頂いています。駒込の辺りはかつての山の手の大きい住宅や邸宅が、だんだん壊されてマンションになっていますが、いろいろな人がそのような建築を保存しようと運動をしているのです。それで、僕も建物を見学に行きますが、例えば渋沢栄一に関係する建築を見るときに、一般の人が楽しむような感じで行きますが、もちろん建築家ですから「ここはあそこに似ているな」とか、建築家の由来など普通の人と違った見方はできるのだけれど、自分自身楽しんでいる感じがしないのです。要するに、そういう残された建築を僕らはあまり楽しんでいないのです。

寺内：なるほど。いま日本の状況についてお話し頂きましたが、海外でも同じような問題は生じているのでしょうか？

鈴木：海外の方が遥かに自由に建築へ触れているように思いますね。例えばロンドンにブルー・プラークという史跡案内板の仕組みがあります。ブルー・プラーク [4] とは青い焼き物、ホーローみたいなもので、民間団体がロンドン周辺の、歴史的建築物とはちょっと言い難くとも古い建築物に「こういう人が生まれたところだよ」とか、「こういう人が住んでいたよ」と記したプレートを設置するシステムです。リストがあってロンドンに行ったときに見て回りますが、例えばあるブルー・プラークを見ると、なんとシャーロック・ホームズの家で、「シャーロック・

[2] 戦時中の小平市周辺
現在の小平市、三鷹市、武蔵野市は、第二次世界大戦中に軍需工場と工場労働者、エンジニアの住宅地だった。第二次世界大戦において、中島飛行機は1924年に荻窪工場でエンジン生産をはじめ、1938年には武蔵製作所開設（1943年多摩製作所を増設、田無、三鷹工場創業開始、1944年11月24日空襲で全壊。現武蔵野中央公園ほかとなる）、三鷹研究所（1944年／鉄筋コンクリート3階建）は国際基督教大学キャンパスに現存

中島飛行機武蔵製作所全景（342-FH-19-A3871／米国国立公文書館原蔵）、「中島飛行機の興亡」（武蔵野ふるさと歴史館）より

[3] たてもの応援団
特定非営利活動法人文京歴史的建物の活用を考える会（1996/4/8設立、理事長／山村咲子）。文京区千駄木の近代和風住宅「安田邸」保存を願う市民が、活動を継続していくために発足させた。安田邸の調査、保存の提案、お掃除ボランティア、見学会などを行っており、土地450坪と建物は公益財団法人日本ナショナルトラストに寄贈された。歴史的な建物を地域の財産として大切に維持・管理することで、建物を介してコミュニティの輪を広げている。

[4] ブルー・プラーク
特定の建物と、そこに生活し働いていた歴史的な著名人とのつながりを称え伝えるために、ロンドン市内を中心とした外部壁面に取り付けられた記念碑。生活していた人物が亡くなってから概ね20年以上を経ていることが選定の基準となるが、例外もある。1866年に創設され、1986年にイングリッシュ・ヘリテージ協会がこれを受け継いだ。現在では900以上の建物にブルー・プラークが設置されており、世界中の類似制度に影響を与えている。

ホームズって本当にいたわけ？」というようなことになるわけです。このようにブルー・プラークは、必ずしも建築家が設計した素晴らしい建築ばかりではなく、有名な人が生まれたとか、有名な人が活動したとか、そういう由来のものもあるのです。

びっくりしたのが、ギタリストのジミ・ヘンドリックスの家で、隣にヘンデルの家があるのです。たまたま両方にブルー・プラークが付いていたのでびっくりしたのですが、「待てよ」と思ったのです。「ジミヘンってアメリカ人じゃなかったっけ」って。ロンドンにたかだか2年ぐらい住んだだけなのです。それでもプラークを付けてしまう。ヘンデルもドイツ人かな。劇場が近いところですから、たまたまそこに住んでいたのだと思いますが。それで、その建物で音楽を習っている学生が、20人規模のコンサートを企画している。で、ジミヘンの建物は多分、ジミヘンの家を管理しているサポーターのような人たちが、たまにジャズセッションを開いたりしている。ジミヘンの部屋は実は一度完全になくなってしまっているから、写真を見ながら再生しているのです。いわゆるサイケでヒッピーの部屋みたいな感じで、ある意味ねつ造なのです。けれどもこの2件の場合は建て直してしまうのではなく、リノベーションして元あったふうに直している。やっぱり僕ら建築家は、建築を保存することに対して真面目に向き合うわけで、少なくとも日本ではジミヘンの家のようにはなりようがないのではないかと思います。その違いは何だろうかと思うと、やっぱり歴史的な何かに対するある種のオーラだと思うのです。そのオーラをねつ造も含めて楽しむか、あるいはオーラをねつ造するようなことはやってはいけないか。そういう違いがあるのかなと思ったのです。

私は毎年、「産業革命をもう一度見直す」といった目標を立ててイギリスに行っています。例えば、デザイナーであり、アーツ・アンド・クラフツ運動 [5] のある種のオーガナイザーであり、そして社会主義者でもある、ウィリアム・モリスのケルムスコットプレスという印刷所に行くと、おそらくイギリスの場合は金持ちの社会主義者がいて、ある種の貴族的なクラブという感じで、そういう建物を運営しているのです。完全にボランタリーで、その人たちが説明してくれるのです。

また、ロバート・オーウェン [6] という空想社会主義者の繊維工場がニューラナークという山間のまちにあり、全部水力でやっています。だから谷間を流れる川沿いに建っていて、そこに行ったら未だにその空想社会主義的な勉強や活動している人

ブルー・プラークの付いたジミ・ヘンドリックスの家

ブルー・プラークの付いたヘンデルの家

[5] アーツ・アンド・クラフツ運動
ヴィクトリア朝末期の産業革命により生まれた大量生産による安価だが粗悪な商品生産を批判した、英国発の芸術運動。中世ギルドの手仕事による生活と芸術を主張し、実践した。ウィリアム・モリスは、アーツ・アンド・クラフツ運動の中心的人物であり、アール・ヌーヴォー（仏）やデ・スティル（蘭）に影響を与えた。書籍の発行を行うケルムスコット・プレスは、現在ウィリアム・モリス・ソサエティによって運営されており、本部（オフィスとギャラリーは元馬車倉庫）では展覧会やセミナーなどさまざまな活動が行われている。

がいて、その人たちが説明してくれるのです。村では教育もやれば住宅もつくり、それから協同組合のようなものも残っている。それらを体験して日本の弱さを感じました。要するに、イギリス人は産業革命を成し得た国だからプライドがあるのではないかと。だから、水力発電や石炭、鉄道などに対してプライドがある。日本の場合、特に近代建築は海外からもらったもので、自分たちが近代建築を発明したと思えない状態にある。そのため、プライドを持って楽しむ、あるいは説明することができないのかな。そういうジレンマがあるという気がしたのです。

　要約します。ひとつはまちや地域、建築もですが、ある種のオーラがあった時代、パワーがあった時代というのをどうやって僕らは探し出して、どうやってそのオーラを共有するのか。

　それからもうひとつは楽しみ方です。建築の楽しみ方がどうもできていないような気がするのです。例えばzoomの授業の際に、学生を見ると床に座ったり、ベッドに寄りかかっていたりします。近代建築を輸入して随分時代が経っているはずなのに、いまだに椅子に座っていない、かといって畳もない。そこにはいろいろな問題があって、それがまちゼミのモチベーションの根底にあるのではないか、そのように思いました。

寺内：ありがとうございます。キーワードをいろいろいただいたような気がします。まちのオーラをどうやって探して共有していくかということと、建築の本当の楽しみ方とは何か、建築やまちをアーカイブしていく能力を問われている。こうした課題をまちゼミでは発見してきたと言えるのではないかと思いました。

ポスト産業社会におけるまちの楽しみ方

安森：鈴木さんは「スポットだけでなく」と言いましたけれど、フィールドの中に建築があるということは、まちデザインゼミのテーマですし、僕も地方都市にある宇都宮大に行ったこの十数年で一番可能性を感じているところです。まちデザインゼミの各回との関わりでいえば、まず第1回の宇都宮では大谷石というマテリアルと産業がありました。先ほどの鈴木さんの話でいうと、産業、生業も含めたフィールドの中でたち上がってくる建築があって、そこに魅力があるのではないかと思います。

　大谷石などの地域の素材は、実は産地と消費地という関係性

[6]ロバート・オーウェン（1771〜1858）
イギリスの実業家、社会改革家、社会主義者。「人間の活動は環境によって決定される」とする環境決定論を主張した。妻・キャロラインの父であるディヴィッド・デイルから、1786年建設のニューラナーク綿紡績工場を買取った。オーウェンは、2500人が暮らす工場の生産性を「サイレント・モニター」と名付けた労働成果判定システムにより向上させただけでなく、学校、集合住宅、コープ（購買部）他からなる理想都市に仕立て上げた。ニューラナークはクライド川流域の渓谷に現存し、2001年に世界遺産（文化遺産）に登録された。

▲ 進修館（設計：象設計集団、1980年）

の中で、都市と都市もつないでいたりして、時代によっても違っ
てきます。それぞれの地場産業も含めた建築や都市の成り立ち
が、今改めて面白いし、最近考えられるようになってきた事物
連関の中で捉えていくのがよいのではないかと思っています。

　寺内さんがホストをされた第3回の小布施は、周りの農村と
小布施の町中の関係が分かったことが私にとっては収穫でした。
皆で、自転車で巡ると、栗畑があり、その栗を使ったお菓子が
あり、実はその栗の和菓子屋さんをはじめとするまちの旦那衆
がまちづくりの重要なプレイヤーになっている。産業だけでは
なく農業も含めたフィールドの中でのまちや建築があるという
ことを改めて思いました。

　第4回の宮代町は農村的な環境の中で、ポンプ小屋をはじめ
いろいろな営みがみられました。宮代町のもうひとつのスポッ
トは象設計集団[7]が設計した進修館（1980年）ですが、進修
館があることは知っていたし、建物にも行ったことがありまし
たが、その存在理由がよく分かったのが収穫でした。進修館は
ブドウをモチーフにしていますが、実際に丘があってブドウ棚
がある。その背景に、宮代町に農村的な営みがあって、そこか
ら立ち上がってきた設計思想なのだというのが改めて分かりま
した。そういう意味で、作品主義あるいは建物単体では見えな
い、フィールドから立ち上がってくる建築の姿がある。産業や
農業も含めた事物連関の中で存在する建築の姿や可能性があり、

[7] 象設計集団
1971年に大竹康市、樋口裕康、富田玲子、
重村力らによって設立。吉阪隆正の教え子を
中心に、7つの原則として「場所の表現」「住居
とは何だろう？ 学校とは？ 道とは？」「五感に
訴える」「自然を受けとめ、自然を楽しむ」「あい
まいもこ」「自力建設」を掲げた。代表作に、名
護市庁舎（1981）、宮代町立笠原小学校
（1982）、用賀プロムナード（1985）など。

我々はその姿を魅力的に思っている。あるいは今の学生たちの興味にも触れるものがあるのではないかという気がしています。

　こういう視点は、いわゆるアノニマスなものやヴァナキュラーなもの、作家性がなく匿名的で地域的なもの ── そのこと自体は1970年代ぐらいから言われていたので、そのリバイバルという気もしなくもないですが、やはり違いもある。かつてのヴァナキュラーやアノニマスは記号的だった。ヴァナキュラーな要素を拾って、それを再コラージュすることで建築ができるとか、あるいは町の中に入ってデザインコードをサンプリングするなど、1970年代から80年代に設計手法として取り組まれていましたが、やっぱりそれは記号の抽出だったのではないかと思います。

　それに対して、まちデザインゼミで発見したものは、記号的な話ではなくて、まさにその背景にある産業や農業、あるいはポスト産業社会、かつての産業が栄えていた場所が今どうなっているかとか、そういうことなのではないか思います。

寺内：そういうフィールドの中で建物なり何か点的なものを捉えるというのは、まちゼミの大きな成果で、私たちが獲得した方法そのものだったという気がします。

　建物でもまちにもいろいろな文脈があることは分かってはいますが、どうやってそこにアクセスするか、どうやってそこに辿り着くかという方法がまちゼミを通して見えてきたのではないでしょうか。まちゼミの経験を通して、どこへ行ったとしても、関連性に向かって面白がられるとか、まちをもっと重層的に見る見方を少しずつ養いつつあると思います。

鈴木：皆さんも影響を受けた哲学者で建築の評論家の多木浩二[8]さんがいますが、彼がヴァルター・ベンヤミン[9]の「パサージュ論」について書いています。ユダヤ人のベンヤミンは、第二次世界大戦中にパリの国会図書館でずっと勉強していました。ナチスにパリも占領されて、スイスに逃げようとして国境で死んでしまいました。その「パサージュ論」の草稿が図書館の中に隠してあって、それをバタイユが発見し、そのパサージュ論の解説文を多木浩二さんが書いています。複製時代の芸術についてベンヤミンが言っていて、それについて多木さんが引っ掛かったことを書いています。写真や映画といった複製時代の芸術が出てくるまでは絵画や彫刻が芸術だったのだけれども、複

[8]多木浩二（1928〜2011）
日本の写真家、哲学者、美術・建築・デザイン批評家。1970年代頃から現代建築に対して活発に言及し、建築界に大きな影響を与えた。いち早く磯崎新、篠原一男といった当時の新進建築家の作品を評価するとともに、その後伊東豊雄、長谷川逸子、坂本一成といった建築家たちが活躍する思想的な土壌を醸成した。本文で言及しているのは「触覚の人ベンヤミン」（『ベンヤミン〈複製時代の芸術作品〉精読』、岩波現代文庫、岩波書店、2000年、pp.116〜131）。主な著書に『ことばのない思考 事物・空間・映像についての覚書』（1972年）、『生きられた家』（1976年）、『対話・建築の思考』（坂本一成共著、1996年）、『建築家・篠原一男 幾何学的想像力』（2007年）ほか

[9]ヴァルター・ベンヤミン（1892〜1940）
ドイツの文芸批評家、思想家。ベルリンのユダヤ人家庭に生まれる。ユダヤ神秘主義とマルクス主義を背景とし、エッセイのような文体で独自の思考を記した。1933年、ナチスに追われパリに亡命。続く亡命生活の途中、スペインとの国境で死亡した。主な著書に『複製技術時代の芸術』『ドイツ悲劇の根源』などがあり、「パサージュ論」は未完に終わった草稿群

製時代の芸術、映画や写真の時代になったら芸術の質自体が変わったと。それはどういうことかというと、オーラがなくなったと言っているのです。ベンヤミンは今までの時代の芸術は大げさなもの、「芸術を見るぞ」と襟を正さなければ楽しめない芸術。例えばオペラやクラシックの音楽は正装して会場に行って楽しみます。けれども複製時代の芸術は、リラックスしてくつろぎがあるというような言い方をしたのです。

そこで、さっき安森さんがポスト産業社会という話をされましたが、産業時代は張り切って近代建築を輸入して、戦後も張り切って近代建築で都市をつくっていた。当時は大建築をつくろうと、近代建築で工業化したとはいえ、ものすごく頑張ってつくった。それがポスト産業の時代になると、そういう頑張ってつくった建築ではないものができた。あるいはまちも結果的にそうなってしまった。その時代のくつろいだ感じのようなものがあるのではないか、というふうに思うのです。

それでポスト産業の時代に僕らはそういうくつろいだまちに暮らしていて、パッとしないとは思いつつも、そこにある種の居心地の良さを感じている。話題に挙がった宮代町の進修館はそういうきっかけだと思うけれども、やっぱりそれは記号だったのかな。本当の文脈に則ってつくっているわけではないのかな。今見ると、そういうことが見えてきて評価できる。進修館ができたときはものすごく突っ張っていて、現代建築だと思って見ていたのですね。あるいはそれがポストモダニズムかもしれないけれど、ポストモダニズムという名前が付いていながらも、なんかギンギンに張り切った建築で、僕らもわざわざ見に行った。けれど、それが30年、40年経って見ると地域に定着している。だから、近代建築あるいは産業社会が過ぎ去りかかったまちを歩いて、そこのある種の楽しみ方を僕らは発見しようとしているのではないかな。

寺内：そうですね。まさにポスト産業都市というか、リラックスして、くつろいでいるまちの背景に産業を見たり営みを見たりして、喜びとか楽しみ方を感じているわけですよね。

生活とデザイン行為が重なるネオローカルアーキテクト

寺内：それでは、「パッとしないな。でも、なんかいいな」とい

▲ 小布施のワークショップでは、修景に携わった宮本事務所西沢氏による現地説明が行われた。建物だけでなく塀や路地など隅々まで、小布施らしさが形成されている。

う感じを持って、その先をどうするかということを今から話したいと思います。つまり、今までの都市計画やまちづくり、あるいは小布施など、そのブランディングの是非です。まちづくりしたとしても、ジェントリフィケーションを起こしたくない。リラックスできるまちがもう1回頑張って、イケイケになってしまうのではなく、リラックスできる町のまま持続して欲しいというようなことを私たちは思っている。

　だから、小屋を見たり水路を見たり、畑を見たり、リラックスした暮らしそのものを見て、それをどう生かすか。でもその生かし方は、実は頑張ってガンガンに近代建築をつくるより難しいことではないでしょうか。

鈴木：だから今までとは違う計画論が必要なのだよね。

安森：計画論とまで言えるかわかりませんが、大谷町で、場所のオーラを取り出そうとした研究では、「時層」という考え方をしました。時のレイヤーの重なりとしてもう一度、大谷地区を見られるのではないかと。ポスト産業社会の中で大谷石産業の最盛期は昭和30年代〜40年代にとうに過ぎています。でも、採石産業は続いている。人が住んでいる中に、産業遺構ももちろんあります。例えばトロッコが通っていて、石の積み下ろしを

▲ 大谷資料館

していた場所とか、あるいは本当に片隅に石がちょっと置いて
あるなど、そういうところがあるわけですよね。そのような時
の層の重なりの中で、もう一度地域や建築を見ることができる
のではないか。その深さが時間軸の話になると思います。空間
という概念が20世紀的だとすると、その先、今21世紀を、空間
だけではなくどう捉えるかというときに、時の深さがある。レ
イヤーあるいは共時的に切り取ったその時々の層の積み重ねを
見るべきだし、可能性があると考えています。まさに冒頭に提
示された、フィールドの中での建築の見方と時間軸という、二
つのテーマは重なってくるのではないかと思います。

寺内：私は大谷石を見たときにひとつのローカルアーキテクト
というのですかね、更田時蔵 [10] さんが思い浮かびます。

　近代に全国統一的に建築家という職能が成り立って、世界を
睥睨（へいげい）するようなものをつくっていった。やはり近
代建築は近代建築家の成り立ちでもあったと思うのです。でも
本当は、その地域の材料やその地域の主要な産業とガッツリ向
き合うようなローカルアーキテクトの存在がそれぞれあったわ
けです。今は若い人がそこに対して、「距離取ろうね」というの
が多数でしょうが、けれど、地域に深く入り込んで、その産業
やら暮らしやらを引き受けながら、その場所で建築をつくって
いこうという、ネオローカルアーキテクトのような活動も芽生

[10] 更田時蔵（1893-1962）
鳥取県で材木業を営む家の三男として生まれ
る。早稲田工手学校（現・早稲田芸術学校）
に第1回生として入学し、佐藤功一の教えを受
ける。栃木県内務部土木課建築係などに勤
務した後、1923年に栃木県初の建築設計監
理事務所として更田建築事務所を設立（現・
株式会社フケタ設計）。代表作に、旧大谷公
会堂（1926、国登録有形文化財）

旧大谷公会堂（設計：更田時蔵、1926年）

えている気がします。そういうあり方がリラックスしたまちづくりを引っ張っていくと感じるのです。だから、どういう立場で地域の中で設計していくかという点に鍵があるのではないかと、大谷石の話を思い出しました。

安森：更田時蔵は、早稲田工手学校の第1回生で、近代建築の教育を受けていて、フランク・ロイド・ライトからの影響もみられます。栃木県に技師として来て、その後、地域に根付いていった人です。第1回のときに、皆で見た大谷公会堂（1929）など、大谷石という素材が関わってきて、地域の素材でつくっていく。だだし、昭和初期ぐらいの話で、つくったものの多くは公会堂や学校など公共施設です。その後フケタ設計という県内最大手クラスの設計事務所に成長していきます。それに対して、今の世代のネオローカルアーキテクトを考えると公共施設の時代ではないので、対象も違うし活動も違う。新しい世代の人たちの活動には暮らしが重なっていますね。そこに住んで、生活とデザイン行為が重なる中で、自分の界隈、身近な環境の中で、人の関係も含めて、仕事なのか仕事じゃないのかみたいなものから仕事になっていく、そういう傾向がありますね。

　だから、ローカルアーキテクトといっても、第1世代のローカルアーキテクトと今の世代ではだいぶ違う。その中で計画論や方法論を論ずるときに、ひとつは暮らしとの関わりが大きくなっていると思うし、やっぱりポスト産業化の中で今残っているもの——かつての産業遺構や空き家もそうかもしれないけれど、今あるものに対するリアクションが大きな活動の対象になっているし、きっかけになっている。

　それをどう計画「論」にしていくかは、まだあまり整理して話せないけれど、少なくとも暮らしや今そこにあるものが重なることで成立している気がします。

まちに入り込んでつくるロジックが必要

鈴木：計画論とあえて言ったのですが、いわゆる計画学以上の広い概念だと捉えています。だから、例えば更田さんがローカルアーキテクトだとすると、基本的に素材が目の前にあるわけですから、インターナショナルでもない。建築家とすると日本や近代建築を代表してしまうじゃないですか。そういう意気込

みみたいなことで、建築ジャーナリズムの問題もあるのかな。神戸芸術工科大学の卒業生が大阪などで、つぶれそうな家に住み着いて活動しています。大阪のユニバーサル・スタジオ・ジャパンがある此花地区で、三井系企業の大コンビナートがあった所が移転して、そこにUSJが入ったのですが、その当時の労働者が住んでいたモクチンアパートが「商売上がったり」の状態だったのです。そのアパートを管理している会社が建築系大学の卒業生を使って、アートで再開発のようなことをする。若い連中が入ることによって、いろいろなことが起こって、本当に大工の手間仕事みたいなことをやったり、学生ももちろん自分たちで改造したりしています。宇都宮でもひょっとするとそのようなことが起こるかもしれない。また、ブルースタジオという設計事務所は公営の住宅を改造 [11] して、建築家の仕事かどうか分からないようなことをやっています。だから、そのようなことも含めて計画論と言ったつもりです。そのような時代に今いるのかなと。ある種の価値基準なり、ちょっと違う視点から評価するような論理なり方法が多分求められているのではないかな。

　今までは学生たちの体験や勉強になるということでやってきたのだけれども、プロデューサー的な人が入って、ある特定の建築家が何となくフワフワした建築をつくっておしまいみたいなことになりかねない。そういうまちづくりの弊害みたいなことも起こりかねないと思う。

小川：今お二人の話を伺ってなるほどと思ったのですが、アートの世界でもソーシャリー・エンゲイジド・アート [12]、要するに地域に入ってサイトスペシフィックなことを住民と話し合いながらやる、という方法がかなり定着しています。それは作家主義的なアートのあり方を変えていくという、新鮮な喚起力があった。ここ数十年ぐらいの間に。そして、あまり単純に比較はできないけれど、建築もそれを追っている部分が感じられる。それほど戦略的なわけではなくて、もう少し今までの建築の、まさにジャーナリスティックな建築のあり方からずらしていこうという、感覚的な部分もあったと思う。もちろん、SNSなどの自己発信型メディアの台頭がそのことを可能にした側面もあります。僕の感覚ではそれが一段落するタイミングに来ているのではないか、と思います。まさに鈴木さんがおっしゃったように、地域に入って何となく定着して何かものをつくり始める、そうすると何となく形になる、格好が付く。しかし、本

[11] ブルースタジオの団地改修
ホシノタニ団地（設計：ブルースタジオ、2015年）。沿線開発の一環として、1960～70年代に民間の鉄道会社が建設した団地の改修計画。耐震強度が不十分なため使用されなくなった駅前の物件に対し、街全体の付加価値を高めるべくリノベーションされた。同時に、子育て支援センター、コミュニティカフェ、貸し農園等の公益施設を誘致することで、団地住民だけでなく地域全体の住民に開かれた場へと変貌を遂げた。

[12] ソーシャリー・エンゲイジド・アート
アーティストが対話や討論、コミュニティへの参加や協同といった実践を行なうことで社会的価値観の変革をうながす活動の総称であり、SEAと略記される。近代的な美術館やギャラリーといったアートワールドの外に広がる社会へ関与するなかで、作者および作品という概念を脱して、参加や対話そのものに美的価値を見出す特徴がある。
（出典：artscape　URL：https://artscape.jp/artword/index.php/）

▲ 地域のアート展の代表的な事例として、「人間は自然に内包される」を理念に3年ごとに開催される『大地の芸術祭 越後妻有アートトリエンナーレ』が挙げられる。
これは、新潟県越後妻有地域の約762平方キロメートルの広大な土地を美術館に見立て、アーティストと地域住民とが協働し地域に根ざした作品を制作、
継続的な地域展望を拓く活動を目的とする芸術祭である。（出典：wikipedia 大地の芸術祭 越後妻有アートトリエンナーレ、写真右：平賀茂）

当にそうなのかなと。そのやり方に、果たしていま創作に関する新鮮な喚起力があるのかということです、あるいは活動自体が目的になりかねない危険を孕んでいないか、という気もします。

寺内：やはりこの先の段階を考えていくために、私たちのような立場の人間がいるのではないかという気がする。つまり、入り込むことと、引くことと、両方ないと、さっき鈴木さんが言ったメタレベルではないけれども、計画論と、「論」とあえて言ったのは、ただ入り込んでガッツリやるというだけではないような見方や、価値の判断の仕方が多分必要なのではないか。大学のような立場がそこに介入できたり、意見が言えたりすると面白みが増す。大学としての存在理由もあるし、あるいはそういう立場で意見を言う建築家としての表現がそこにあるのかな。何かそこに活路があるという気もしますね。

安森：小川さんがおっしゃったことは、地域のアート展にご自身が長年関わってきて、そういう認識に至っていると理解しました。地方でやるのだけれど、タレントを呼んでくるという側面もあって、地域のコンテクストの中でアート作品が作られるけれども、一過性のイベントでしかないという面もある。

今、関わっている墨田区の動きでいうと、この10月に「すみだ向島EXPO」[13]というアート展があります。実は、この地域はアーティストが実際に住んでいるので、タレントを呼んでくるわけではない。「隣人プロジェクト」というもので、そこにいる人なのですね。建築の人や、我々の千葉大墨田サテライトからの参加者もいます。ものづくりの町としての環境もある。これはちょっと違う側面で、さっきのソーシャリー・エンゲイジド・アートの違う展開も見せているという気がします。

先ほど寺内さんがおっしゃっていたブランディングやジェントリフィケーション化しないということにも、思うところがあります。小布施のテーマを企画をしたときに、地域のブランディングという言葉が最初に挙がって、多少違和感がありました。ブランディングというと、やっぱり目的的というか、そこでの商業化というような面がある。あと、地域活性化という言葉も随分一般化してきました。総論は間違っていないのだけれども、もう少し違う、それに取り残されているものもあるのではないかという思いはありますね。

墨田区でいえば、スカイツリーができたりマンションがどんどんできたりという、これはある意味でジェントリフィケーションかもしれません。それと同時に、今でもものづくりの町として小さな町工場が生存している、その両者をどのように捉えるか。大谷町でも、実は観光化が進んできて、皆さんが7年前に行ったときより随分賑わって、商業施設もだいぶできたし、日本遺産に認定されて説明看板も立っている。それと並行して、地域の人の発案で、産業遺構のトロッコのプラットホームを「Ishikiri Terrace（イシキリテラス）[14]」というものに変えた市民の動きもあります。それぞれの地域で、ジェントリフィケーション的な活性化と、もう少し違った草の根的な動きに、二極化しているような気がします。

小川：少し言葉足らずだったかもしれません。今の安森さんの発言は、もののつくり手が地域に関わる時間的なスパン、そしてそれに伴う言わば「深さ」に関する内容だと思います。長い時間をかけて深く入り込めば良い成果が得られるとは限らない、とも思いますが、それは別にして、私が言いたかったのはむしろもう少し創作に関する本質的な問いです。認識と創作の関係についての疑問といってもよいかもしれません。地域に入り込み、その実情をつぶさに観察し、位置付けたとして、その延長にものの新たな

[13] すみだ向島EXPO
2020年に墨田区の向島地区で始まった街なか博覧会で、2022年に第3回を迎える。「向島博覧会2000」「アートロジィ向島博覧会2001」など、1990年代末から空き家・空き工場に若いクリエーターが注目し転入する動きを原型とし、近年の都心居住の増加により変化する木造密集市街地の課題と可能性を背景としている。
（画像：2021ウェブサイトより転載）

すみだ向島EXPO2021における千葉大学大学院スタジオの展示風景。元金属プレス工場を再生したシェアアトリエ兼イベントスペースのfloatを会場とし、町工場のフィールドワークと将来提案を展示した。

[14] Ishikiri Terrace（イシキリテラス）
大谷石を搬出した街道沿いの旧加工場（大久保石材店所有）を活用して、大谷石のベンチを並べ、2018年に市民グループの手により開設された。休憩・食事・読書など自由に利用でき、舞台や、マルシェ、前面の水田を生かした活動などにも使用されている。

あり方を生み出す方法、決定的な飛躍が得られるものなのか？両者はそんなにスムーズに接続するものなのか、という疑問です。この件については、私はやや懐疑的に考えています。この件については、この後の座談会でも議論になる可能性がありますので、ここでは問題提起に留めておきましょう。

フィールドの中に新たな建築の論理を探る

寺内：ブランディングのようなまちづくりや地域活性化の方法はやはりなくならないのです。ある意味、長野県はブランディングが得意な県で、第何期ブランディング化計画のような感じで各地域が進めていたりして、それはそれでなくなっていかない。

　他方、もっと何でもないようなパッとしない所の良さみたいなのに気付く人たちや、われわれのようなそういう目で見たいと思っている人たちもいる。二極というよりも、バラバラな都市計画というか、都市への眼差しが重層化している印象が地方都市にいて感じられるのです。だから、重層化している見方を、果たして統合していくような論理はあるのか。それらを仲裁していくような方法はあるのか。皆さんの話を聞いて、そのようなことに興味が湧いてきました。まちづくり方法の多様化について、どのように思いますか？

鈴木：安森さんがやってらっしゃる墨田などを論理化したいですよね。僕も浅草の生まれですから、墨田浅草の辺りの小さい商店が今何となく盛り上がっているのは分かるし、それから若い人があの地域で起業して活動している。例えば時計のGショックの中身を使って、カバーデザインをしている。そういうまちの資源というようなものを使ったうえで、計画論のような、まあそれは産業ですけれども、計画的な頭がないとできないと思います。逆に言えば、そういうのが成り立つ要素は、いろいろなところに転がっていると思う。

　だから、今までの建築家の関わり方とは全然違いますが、新しい建築が、あるいはまちの構成論、まちを形成していくような計画論が出てきていいと思うのです。はっきりとは言えませんが、その時に多木浩二先生が言ったような、今までとは何か違うリラックスの仕方があると思う。そういう計画論が多分待

たれているのではないだろうか? 僕らはまちゼミをやりながら、それにうっすらと気が付いている。

寺内：ちょっと質問の言い方を変えると、そういう町工場や小さな産業やら、暮らしやらと連携することでつくることのできるまちや建築には、建築家と他のいろんな人たちとの共同作業のようなことがあると思いますか?

鈴木：あると思う。僕は多摩美術大学の図書館の設計に関わったのですが、図書館の計画学としてブラウジングコーナーがあって、これは計画学の穴だなと思ったのです。ブラウジングコーナーは公共図書館で戦後入ってきたものです。それはGHQが、日本は従来と同じだとまた戦争してしまうから、国民全員が勉強しなさいと。そのために図書館をつくる。その計画学の中にブラウジングコーナーがあった。ブラウジングコーナーは、もともと新聞や雑誌を読む場所だったのです。産業革命直後のアメリカの図書館だと、みんな新聞を立って読んでいるのです。立って本を読んだりすることは計画学でカウントしようがないから穴だった。それで多摩美の図書館では、立って読むことをどうやって形にするかを考えました。建築の計画学は、動線の計画とイコールと言っても良いと思いますが、動線という計画学のツールは短くすることが初期設定されている。動線計画はツルツルと流れるような人の動きを計画するためのもの。超機能主義なのです。

それでは動線ではない計画学はあるのか。ブラウンジングコーナーのように立ちながら行う動作など。要するに、基本設計の段階で、いかに面積を割り振るかがあり、その際に立って行うアクティビティは外れてしまう。動線計画は短くすることしかない。だから、計画学には、穴みたいなことがあると思う。それはまちづくりにおいても、今僕らがやっていることは機能主義ではないよね。それから、近隣街区論ではないよね、あるいは用途地域計画ではないということ。何となく分かってはいて、否定はできるが、確固としたものがない。

ブループラークなどは何か面白いことがあるし、それから、まちゼミで見て、「これ何かの資源だよね」ということは分かるのだけれど、それを言葉で表すことに僕らは到達できてない。結論的に言えば、まちゼミではやっぱりそれを探すことが目的ではないかと思うのです。

多摩美術大学附属図書館
（設計：伊東豊雄建築設計事務所、2007年）

多摩美術大学附属図書館の
ブラウジングコーナー
閲覧のためのインタラクションデザイン
（家具コンセプト：鈴木明、家具デザイン：藤江和子）

寺内：実はそのような計画学の穴にこそ何か新たなものがあるということと同時に、やはり建築家はプロジェクトリーダーです。だから、建築家が束ねていろいろな人が入ってもらって、これぞという建築をつくることが、ひとつの職能だったわけです。しかし、あえて言うと、建築家もひとりのプレーヤーに降りて、別の人たちと、古い言い方になってしまいますが、コラボレーションすることに取り組んでみる。

　でも、そこでメンバーのひとりになるときもあれば、リーダー的に振る舞うときもある。役割がルーズというか、いろいろな役割がある。図面を見たり、人の交通整理をしたり、プロデューサー的な役割を演じたり、まちゼミはそのような視点を気付かせてくれる。まちゼミのホストになったことは、今とても役に立っています。ホストの柔軟さのようなものも建築家の職能なのかなという気がしたのです。

安森：今の話を受けると論点が二つあるのかな。計画論という問いを鈴木さんが立てましたが、もう少し広げると、ひとつは建築論・都市論に肉薄したいというのはあります。さっき寺内さんが言った、大学が入ることというコメントに関係するかもしれないけれど、考えることとつくることで言えば、実践が求められる今、大学の研究室もフィールドに出ることが良しとされるし、実際に楽しいし、われわれもつくる可能性がある。でも一方で、やはり考えること、論を立てることは忘れたくない。この座談会のテーマは、フィールドということですが、フィールドワークとは何かということについても考えています。今日お持ちした千葉大の墨田スタジオのブックレットの最初では、フィールドワークの系譜を紹介しています。大正時代の今和次郎の民家採集 [15] から、1970年代のデザインサーベイ [16]、ヴェンチューリのラスベガスの調査 [17] は実はイェール大学のスタジオでやっていて、そこから都市論が出てくる。最近でいうとコールハースがハーバード大学で「プロジェクト・オン・ザ・シティー」と言って、2000年代に中国やアフリカでのフィールドワークをして、建築論・都市論が生まれてきました。

　基本的にはこうした都市に入る系譜の先に、これからの建築と都市を考えていきたい。メタレベルでその都市の理由を考えること、あるいは調査や観察することには、つくることだけが価値ではないという面があります。建築論・都市論に肉薄する

[15] 民家採集
考現学を提唱した今和次郎により、1910年代から行われた。「今和次郎集 第3巻 民家採集」（ドメス出版、1971年）

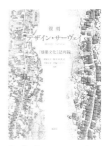

[16] デザイン・サーヴェイ
明治大学・神代雄一郎研究室と法政大学・宮脇檀ゼミを中心に、1960年代後半〜70年代に行われた。「復刻 デザイン・サーヴェイ―『建築文化』誌再録」（彰国社、2012年）

[17] ラスヴェガスに学ぶ
イェール大学のロバート・ヴェンチューリのスタジオが1960年代後半に行った調査を元にまとめられた。「Learning from Las Vegas」（MIT Press、1972年）

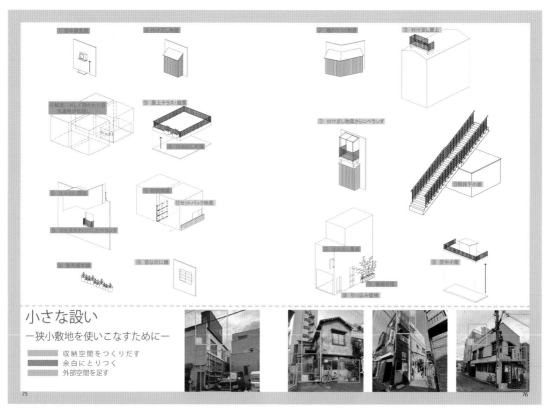

▲ 墨田の町工場における小さな設い。千葉大学大学院スタジオによる調査

▲ 増改築を繰り返している木祖村藪原宿の民家

ものとして、新たな価値を生み出したい。批評という言葉は違うかもしれないけれども、そういうものを生み出したいと思います。

　それともうひとつは、創作論、つくること、使うことの方法論としての計画論があると思います。ヴァナキュラーなものには知恵がある。小屋や町工場のつくり方を見ると、知恵だらけです。墨田の狭小な敷地の中で、大型機械を使うためには階高が高くなるし、そこに住んでいるから工場と住居の動線の階段がすごく工夫されるとか、狭い敷地の中で植木鉢を置いて楽しむという下町の工夫があったりするわけですよね。こうしたフィールドの知恵は、計画論やつくる方法論につながるのではないかと思います。

地域の職能をネットワーク化する

寺内：確かにそうですね。ハイデッガーは「建てること・住むこと・考えること」ですが、今日の流れでいくと最後に「楽しむこと」がきても良い。それが一番の盲点で建築家が考えていなかったこと。鈴木さんがお話しされたシャーロック・ホームズの家はマニアが、そういう幻想あるいはねつ造を現実のまちの中に重ねることで、もっとベイカー街を楽しむ発想ですね。「造る」計画論のその次のものへの計画あるいは意図が重要なのじゃないかなと。

　そういった中で、私は増改築に究極の創造性を感じます。完結的な建築の姿は、足しても引いてもいけない。こうした完結の作品性の対極として、ヴァナキュラーな町工場などもそうだと思いますが、私の大学の近隣である木祖村藪原宿の民家などがあり、増改築を繰り返しているのです。それが暮らし方そのものなのです。増改築を見るだけで、その地域が昔どういう宿場町で、その後商店街になって、今は過疎地域になる。そのサイクルは、楽しむまではいかないけれど、少なくとも空間を自分たちのものにしている感じがしますね。所有権があるから当然使いこなしますが、自分にとっての楽しい暮らしのためにつくり変えている。そのような点に計画論、建築論の可能性を感じます。

鈴木：それはすごく僕も感じることです。ただし、結論の引き

出し方は随分違っています。僕の場合、設計論にしようと思わない。川越でいろいろ話を聞いたりすると、確かに大工の手間仕事がすごく多い。大工だけではなくて、谷中のブリキ屋は、屋根や雨どいなどをちょっと直す仕事が多い。それで駒込だと、千駄木の原田左官店という左官屋さんが盛り上がっている。留学生がいっぱいいたり、女の子がいたりする。要するに、ポスト産業社会の地域には、そういう片手間仕事が膨大にあるはず。昔は大工さんが懇意にしているところの仕事をもらったりしていたと思うのですが、今はそれが見えない。だから、それをうまく産業化する。単に地元の大工さんを育てる、あるいは地元の大工さんを産業化するということではなくて、うまくネットワークさえつなげれば、ある種のまち並みのようなことができてくるかもしれない。

　先ほどの工場の話もそうで、工場だって機械を入れたりするときに、「この柱取っちゃって」とか、そういう仕事があると思う。それをうまくまち並みへ発展するような、展開するような、ある種の論理があったら、今まちゼミが対象としているようなまちは十分やっていけるのではないでしょうか。特に川越は土蔵があれだけ残っているわけだから、当然台風が来れば雨漏りもしているはずだから、屋根を直すというような仕事はあると思う。そういう横丁のようなネットワークをつくると良い。

　これは寺内さんの言う建築論というよりは、今まで地域に絶対あったはずのものです。小さい家なり商店なりが集まっていたところでは、片手間の仕事で食べていけるようなネットワークが今の産業構造の中に位置付けられてない。「建築家です」なんて言わなくても良いようなデザインをするような人が地域にいて、そこにお願いすれば、何となく形になるというようなことだってあるかもしれないと思うのです。

　例えば、イギリスのウェールズにスノードン山という1200mの山があり、その山頂まで鉄道が走っている。行ってみましたが、山自体が鉄平石や天然スレートでできています [18]。建築も全部スレートで積んでいる。ということは、スレートで建築をつくる人がいたはずです。けれど、産業として成り立たないから今は全部遺構になっているのです。宇都宮の大谷にも大谷石を積むような人がいたはずです。設計だけではなくて建築をつくる側もいて。さらに、建築をつくる人も大工さんだけではなく、ブリキ屋もいれば左官屋もいる。アイデアを出して、人を集めたりすれば、寺内さんが言われているようなスタイルが

[18] スノードニアのスレート積み建築
英国ウエールズのスノードニア地方のスノードン山を中心とする山岳地帯は、そもそもスレート岩盤から出来上がっている。スランベリス、カーナフォン（Llanberis, Caernarfon）の国立スレート博物館（National Slate Museum）は、岩盤が露出したスレート切出地の足下にある、労働者住宅を含む加工工場である。スレートの切断加工は、巨大な水車の回転力を各作業場に導き用いている。

できるのではないかな。

寺内：そうですね。職能を拡大できるかもしれないことを常に考える場として、まちゼミのまち歩きはあるのですよね。

　だから、因果関係を紐解くこととはまた少し違う。系譜をたどることによって未来を予測するのが歴史学の眼差しだと思いますが、まちゼミでは「この地域に、このようなものがさらにあると」、あるいは「これが加わるともっと面白くなるな」とか。まちや場をつくっていく視点をもう少し豊富にしていくということでしょうね。

鈴木：そういう建設に関わる職能、建設に関わる材料、小さい工場も含めてうまくプロデュースすれば、あるいはうまく誘致すれば、まちゼミで探ってきたことが現実のものになっていくのではないかと思うのです。

道具としての建築の可能性

安森：設計者や創作者がつくるための論ではなくて、その次にある論、自分のものにしているというような言い方がありましたが、それは場所論におけるプレイスの話かなと思うのです。その空間や場所が自分のものになっていくこと。それは暮らしもそうだし、産業とか手仕事もそうだし、関わっていることでそれが自分の場所になっていくということなのかなと思います。論を立てるとすると、もしかしたらそういう新しい場所論みたいなことがあるのかなと。

　あるいはゲニウス・ロキ [19] や地霊も、かつてその言葉が東京論などでクローズアップされたときは、産業化の中でもう一度そういうところへ戻ろうというようなものがあったかもしれないし、あるいは神社などの信仰において場所性を考えたと思います。まちゼミを通して、新しいゲニウス・ロキや場所論のようなものが考えられるのかもしれないなと思いました。

　そういう意味では、多木さんの『「もの」の詩学』[20] という本では、ある種の手仕事というか道具的な世界で、道具がどう生まれるかみたいなところから、最終的には都市の話までつなげていく。先ほどベンヤミンが話題に上りましたが、あれはパサージュを歩いたある種の記憶や、あるいはベンヤミンの幼少

[19] ゲニウス・ロキ
土地（Loci）にある霊（Genius）を意味するラテン語に由来する言葉。近代建築や近代都市の普遍性が批判される中で、建築史家・理論家のクリスチャン・ノルベルグ＝シュルツは、この概念による場所性を重視した。また、建築史家・鈴木博之は、著作『東京の地霊（ゲニウス・ロキ）』（1990年）などによりこの概念を広めた。

[20]『もの』の詩学
多木浩二著。1984年初版、2006年新編版（岩波現代文庫）。第一章「「もの」と身体」から、第四章「ヒトラーの都市」まで、文庫版の副題にあるように「家具・建築・都市のレトリック」が論じられている。あとがきによれば「第一章で論じた家具や室内というテーマは、七〇年代の初期に「もの」と人間の関わりを身体との関係から考えようとしたもので、私にとってその後の思想を展開する上でもっとも重要な出発点となった。」とされている。

期時代の記憶など、まさに時間も関わってくると思うのですよね。それで道具的な世界が、農業と産業は違うかもしれないと寺内さんがおっしゃったけれど、僕はその道具的な世界は実は結構つながっているのかなと思うところがある。農地にある小屋や、町工場にあるさまざまな仕掛けみたいなものは結構道具的な、それはもうそこにあるべくしてある道具なのですよね。それで、例えば建築も道具的なものとして見てみると、何か計画論につながるかもしれないと思いました。

　場所論の話で言うと、建築や場所の面白さを現認するという意味では、オーラの問題も関わってくる。場所の帰属感みたいなものもありますよね。あるいはそこに関わった記憶のようなものがあるのではないかと思います。

寺内：道具を見ても、そこに空間性を考えるのが人間の想像力ではないでしょうか？　宮代町のポンプ小屋の話ですが、ポンプを入れている小屋なので、まさに道具なわけです。けれど、パッと見た学生には何かスペースに見える。だから、「何かに使えるのではないか」、「ここで物を売ったらよいのではないか」というような提案をする。道具ですごく合目的にそこに置かれているにもかかわらず、フィジカルなものに感じて、そのフィジカルなものにオーラを感じるというのは、道具なのだけれど道具では済まない人間の脳に沿って動いてしまう。自動的に違うものに読み替えてしまう。やっぱり道具は美しいし、合目的性にすごく美なり価値を感じますが、それをある意味曲解したり、誤解したり、何か違うものに見立てていくことがクリエイトにはある。

宮代町の田園に建つポンプ小屋

鈴木：働く建築。墨田区の工場などは働く建築です。

足立：宮代町のポンプ小屋をフィールドの中で考えると、川の流れがあって、そこにポンプ小屋があることによって流れを田んぼの方へ変える。まさに寺内さんが言う「ここに、これがあれば」という建築ではないかと思います。先ほど鈴木さんが、リラックスと言いましたが、坂本一成先生は建築を語るときに、形式の美しさを求める体操のようなものではなく、太極拳のような自然と体がほぐれて解放していくようなものに例えていました。であれば、まちデザインゼミ的な建築論は、東洋医学におけるツボを押すようなことではないかと思うのですよね。全体

像を思い描いて計画するというよりも、触りながら探して、「ここ凝っています」とツボをギュッと押すと、そこの血行が良くなるとか。

小川：まちのツボ。

足立：それは流れを読むことだと思うのですよ。人の流れや時間の流れ。産業も含めて、そこにどういう流れが存在していて、けれど、それが今滞っていると気づくとか、逆にツボを押すことによって新しい流れをつくるとか。それが建築的なアプローチでまちをデザインすることではないかと思います。

寺内：不連続な「ここだ」という点を見つける力や、その共有がまちゼミにとっては重要ですが、それはそもそも私たちが設計や研究、まちづくりに関わるうえで必要なことだとも言えますね。

Activity Report

2017　長野県小布施町

Obuse, Nagano Pref.

地域の修景／再生

修景にいち早く取り組み、まちづくりの先駆として評価される「小布施」に対して、ここまでの功績を学びつつ、より持続的な地域の発展を探るために、新たな発見を試みる。まち歩きを通して、新たな場所や題材を見つけ、修景することを再生に結びつける。

参加校　　　信州大学［寺内研究室］／茨城大学［一ノ瀬研究室］／宇都宮大学［安森研究室］
　　　　　　　東京理科大学［岩岡研究室］／日本工業大学［足立研究室］
　　　　　　　前橋工科大学［石黒研究室・若松研究室］／武蔵野美術大学［鈴木スタジオ］

ゲスト　　　川向正人氏（東京理科大学 名誉教授）／西沢広智氏（宮本忠長建築設計事務所 OB）／
　　　　　　　勝亦達夫氏（信州大学 キャリア教育・サポートセンター 講師）

スケジュール

9.30 sat

10:00	オープニング
10:30	主旨説明
11:00	まち歩きルート検討
12:00	昼食
13:00	現地説明
13:45	まち歩き・現地説明（西沢氏・勝亦氏）
17:00	レクチャー：川向正人氏講演会
18:30	懇親会

10.1 sun

7:30	オープニング・発表会準備
12:00	昼食
13:00	発表会
15:00	閉会
16:30	信濃美術館見学
17:30	長野門前歩き

小布施のまち歩き

川向正人氏のレクチャー

信濃美術館のクロージング展の見学

group E
果樹園の小径

小布施駅

北斎ホール

小布施町役場

group G
バス周遊ルート

ゲストハウス KOKORO

小布施堂本店

JA ながの お百 SHOP 小布施

須坂市
Suzaka

小布施ワイナリー

長野電鉄長野線

group D
農の小径

group F
中間領域

おぶせミュージアム

若松院

まちとしょテラソ

group C
石亭
出店
栗の木テラス

ア・ラ小布施

group A
果樹園ロード

栗の小径

北斎館

groupB
オープンガーデン

group H
水路

おぶせの風ユースホステル

逢瀬神社

浄光院

N

0   500m

MACHI Design Seminar

フィールドワーク　ワークショップ

修景とその外側の世界

ワークショップの目的

もとの景観要素を残しながら、住む人たちが主体となって新旧の要素が調和する美しいまち並みをつくり出した小布施のまちづくりを、まち歩きと現地説明・レクチャーを通して学び、これからさらに発展していくための新たな提案を試みることを目的とする。

ワークショップの内容・方法

小布施の中心部や郊外エリアを散策しながら、写真やスケッチなどで記録する。グループごとにリサーチを通して見つけた現状の課題や、まちをより良くしていくための改善点を話し合い、提案としてまとめる。

グループごとのテーマの例

果樹園・レンタサイクル／オープンガーデン・道／出店／駐輪場・道の駅・小径／果樹園・小径／中間領域／バス停／水路／ etc.

見える生業 —— 果樹園 × サイクルロード groupA

小布施の中心部は、北斎館を中心に賑わいのあるまち並みが完成されているが、まちの営みは周辺地域との関係で成り立っている。そこで、レンタサイクルを利用して、中心部から少し離れた寺院や美術館などの観光スポットを巡ったり、果樹園や農家の風景を楽しむための果樹園ロードを提案する。

着眼点①

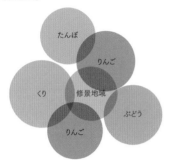

小布施中心地の完成した風景と周辺の観光拠点の繋がり

着眼点②

「歩いて感じる小布施のまち並み」に対して、「走って感じる小布施の農風景」

果樹園ロード

観光（物販）に深みを出す／完成品ではなく…過程を知る、体験する／
住民×住民、住民×観光客の交流の提供

ステークホルダーへの影響

農との触れ合い、生業の可視化

Comment

寺内：この提案はどのあたりならば展開できそうですか？
学生：具体的な場所までは考えていないが、外からの人に対しては農家さんに土地の一部を提供してもらって、まちづくり機関はまちづくりを行い、win-winの関係を築いていけたらと思います。
川向：まちの東と西では植生が違うのです。西側も是非回ってほしいと思いました。

農の小径 ——果樹園×サイクルロード groupD

課題

- 市街地がコンパクトなので中心地に車や人が多い
- 近くにある豊かな農の魅力が活かしきれていない
- 賑わいが市街地に集中して
  ICや道の駅とつながりがない

↓

提案

- まちの中心部の駐車場を駐輪場に転換
- 道の駅をもうひとつの拠点に
- 道の駅と中心部を結ぶ農の小径を整備

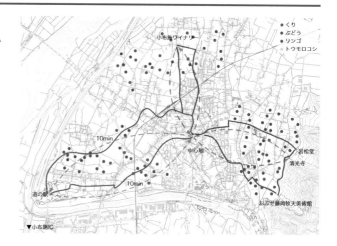

Comment

川向：着眼点が素晴らしい。今でもまちの周囲には小径があるけれど、部分でつないでいるだけなので、小径をずっと歩いても中心部に出ることができないのが現状。だから、小径をつなげていくというのは是非やってほしい。私たちがこのようなことを提案すると、上から目線で見られてしまったり、現状を批判しているように聞こえたりする場合があるが、君たちは注意深く寄り添うようにやっていて感心させられる。

小径を拓く groupE

郊外エリア
・ 農家や果樹園が続く
・ 生活感が色濃い
・ 車量が多い
・ 観光客は見当たらない

中心部エリア
・ 観光客が集まり、修景が行われている
・ 道が狭い
・ 道（石畳）、庇のディテール
・ 歩きまわれるまち

郊外エリア

車のスケール

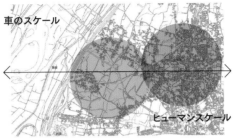

ヒューマンスケール

中心部エリア

Comment

川向：車のスケールとヒューマンスケールの両方とも必要だが、ヒューマンスケールを基準にすることを注意してほしい。広すぎると日本人は見る風景として残せないから、余分なスペースはつくらない。あとは使っている畑を「生産地だけど綺麗にしてね」とやっていく。

おぶせ de みせ groupC

まち歩きでの発見
・ 個別的再生により大きく変化した中町と、岩松院や浄光寺のあるエリアでは、観光客の数も雰囲気も少し違う
・ 農産物の直売所や栗販売の出店に使われているテントが、景観と調和しきれていない
・ 中町から外れた場所にある直売所は、人通りが少なく、農村という背景に埋もれ認識されにくい

Comment

岩岡：目の付け所が良い。指摘したことは確かに弱点だと思う。テラスのようなところをどうしていくか、テンポラリーなものをどう設えていくかが景観には重要。

川向：ストリートに着眼していて素晴らしい。ヨーロッパなどではテントのある素晴らしい光景がよく見られるが、日本ではなかなかできない。是非提案してほしい。

オープンガーデンのつなげ方 groupB

持続的な地域の発展とは？＝「自発的な住民たちの活動がまちを良くしていること」小布施においてはオープンガーデン。
まち歩きによって4つのタイプ＜①中心部（商業地域）にある ②個人住宅の庭 ③ポケットパーク ④道に沿って花壇がある＞を
抽出し、それらのつなげ方を考えた。

小さいスケールの提案

オープンガーデンと
道のつなげ方

入りやすくするように、ポケットパークの事例を参考にベンチを設けるほか、垣根をなくす。

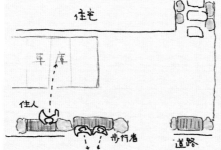

大きいスケールの提案

オープンガーデンと
他のものをつなげる

庭の隣にある果樹園をつなげ、そのまま直売所にもなる（郊外に多いタイプ）。

オープンガーデンとオープンガーデンの間

庭を持っていない住民でもアイデアを出し、まちづくりに参加できる。

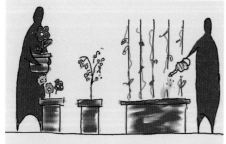

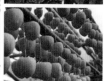

オープンガーデン

個人の庭などを一般の人に公開する活動。「おぶせオープンガーデン」は2000（平成12）年に38軒でスタートし、
現在では100軒を超える家が参加している。

Comment

勝亦：オープンガーデンにも後継者問題がある。次の世代の人たちがやりたくなるような仕掛けは何か考えましたか？

学生：例えばオープンガーデンの一部を共同管理運営することで、庭を持たない人も参加して、みんなでつくっていけたらと考えています（フラワー通り・干しブドウ通りなど）。

まちの中間領域の特性 groupF

まちの中にある中間領域として点在する小径に着目し、建築と小径の間に置かれるディスプレイや緩衝材によって生まれる中間領域の空間体験を、現在使われていない小径に応用することを提案した。

事例

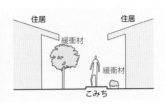

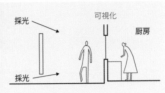

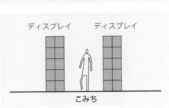

提案

Comment

川向：公共の道が知らないうちに個人の敷地につながっていたりするが、実際に具体的な事業として進めていくときは、公私の切り替えと個人のプライバシー確保を考えている。例えば、酒屋さんのところには入ってこないように、でも同時にこれは酒屋ですよと示している。実は模型などを使って考えているのですが、そういうことが自然に受け止められているというのは、こちらとしてはしめしめと言った感じで、大変うれしい。

街中と周辺をつなぐバス停 groupG

郊外にも観光資源や名所があり、またこれからの高齢化に向けて、バスの利用をより重視するべきだと考えた。

現在、バス停の場所がわかりにくく、無造作に看板だけ置かれていることが多いため、テーマカラーを用いてバス停を整備する。

まち中から郊外まで観光客が足を運ぶきっかけになり、バスを待つ時間が楽しく、バス停そのものが小布施の風景のひとつになる。

1 小布施PA スマートIC	2 小布施総合 案内所	3 北斎館	4 小布施 ミュージアム 中島千波館	5 町営松村 駐車場	6 おぶせ温泉 あけびの湯	7 6次産業センター	8 浄光院	9 若松院

Comment

大嶽：小布施はプライベートな空間をパブリックに開放しようという姿勢があるので、既存の建物の軒先をバス停にするなど、もう少し踏み込んでまちと調和したものを提案してくれたらいいなと思います。

川向：知らないまちに行ったら、「駐車場はどこですか?」などと人に聞くという考えがある。だからオープンガーデンも本当はズカズカ入っていくのではなく、「入ってもいいですか?」と一言聞いてから入っていくと良い。そういう兼ね合いなどが面白い。

水路 —AUSE(あうぜ) groupH

水路を利用して、人の活動を修景する。逢瀬神社の地形に合わせた新たな水の流れをつくり、さまざま居場所をつくりだす。

観光客、住人、商業、農産物、祭り、遊び、イベント、親水、憩いなどが出会う「逢う瀬」となる。

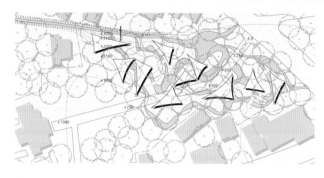 

Comment

学生：ここの川は、お米の脱穀に使われ生活の一部となっていた。しかし、使わなくなった途端に神社の前が日常的な場でなくなってしまった。そこで、人々のアクティビティや農産物を持ち込んだ拠点をつくることで、まちの人びとの関わりを考えている。

川向：逢瀬神社はすごく重要な場所。ところがある時代から人が全然踏み込まなくなって、完全に楽しさがなくなった。江戸時代の絵図を見るとここは湿地で、歴史性・文化性を持っている。これを機会に水路を全部見直してみるのは面白い。

総評 川向正人氏

川向正人
近現代建築史研究者。1950（昭和25）年香川県生ま
れ、1974年東京大学建築学科卒業、ウィーン大学・
ウィーン工科大学留学を経て、1981年東京大学大学
院博士課程修了。明治大学、東北工業大学を経て
1993年より東京理科大学で教鞭をとる。2005年から
は小布施町まちづくり研究所所長と兼任。2016年東京
理科大学定年退職。小布施町のまちづくり参画は、実
践する大学研究室の先駆けであり、「小布施まちづくり
の軌跡（新潮新書、2010）」「まちに大学が、まちを大学
に（2014）」の著作に記されている。

「まちに大学が、まちを大学に」と十数年前に宣言したのですが、今日の話を聞いていて改めて同じ印象を受けました。聞いていると、だんだんこちらが緊張してくるのですよ。「ああ、そうか、こういうことなのか」って。おそらく、みなさんがもっと時間をかければ提案は具体的になっていくと思いますが、まだ入り口で中にも入っていないから知らないことも多く、やはり自分たちの持っているもので提案するしかないのかなと思いました。これは仕方がないけれど、つかみどころはとても良い。こうしたらもっと良いだろうと思う伸びしろはたくさんありました。

最初の「まちを大学に」の話に戻れば、やっぱり大学にはこういった機会はないと思います。私は話をするときに、「いやいや、世の中そんなに悪いものじゃないよ。大人たちは結構頑張っているよ」と言うのですが、行政の立場でも、それぞれに自分ができることしか言えないので、違う立場の人間から見れば「変にこだわっているなあ」という印象を受けるかもしれませんが、それは人間だから仕方がない。君たち自身もそうだし、私もそう。まちってみんなが集まっていろいろ議論して、こつこつこつこつ変えていく、そして確実に変えていかなければいけない。そこがポイントですよね。そういうことは大学では教えられない。だから最後に先生がたにお願いしたい。いつでも歓迎しますので、また来てください。どうもありがとうございました。

小さなものへの視点

日常のまなざしを超えて

モデレーター：小川次郎／メンバー：岩岡竜夫、寺内美紀子／オブザーバー：足立真

特徴のないまちで —宮代町での経験

小川：お話しを始めるにきっかけとして、宮代町でのゼミ（第4回）を簡単に振り返ってみましょう。まちデザインゼミは、大学に軸足を置いて設計も行う人が、まちに関わることにどのような意義があるかを意識しつつ、継続的に行ってきました。一方で、当初から何か明確な方針があったわけではなく、やりながらどのような可能性があるか考えていこうという、ある程度ルースな進め方だったような気がします。

第4回のゼミが行われた場所は埼玉県宮代町です。それ以前の宇都宮や小布施、前橋といった、比較的パッと地名が思い浮かぶようなところに比べて、一般的にイメージがつかみにくいまちという印象だったと思います。それから埼玉県自体がいわゆる東京のベッドタウンで、キャラクターが東京に依存的というか、はっきりしない部分もある。そこで、このまちで何か特色のある面白いまちデザインの切り口が本当に見付けられるのかという疑問をもちつつ、でもやってみましょうということで始まったと思います。

ゼミに先立って考えたのは、まちの人たちや来街者から見てわかりやすい切り口を提示することではなくて、この場所を歩き回り、丁寧に観察することで見えてくる面白さを見つけていけば良いのではないか、ということです。つまり、即効薬というか、何か手軽にワークショップをやって「これがまちにとってプラスになる提案です」といったことを目指すのではなく、新しい「まちの見方」を発見できれば、それも十分まちデザインの成果になるのではないか、と。そこで、このときは「観察の対象とその空間キャラクターを見つけよう」という題目を考えました。学生たちにまちの新しい見方を探してみて欲しい、新しい認識を持つ方法を一緒に考えてみよう、と提案したと思います。その際、着目するものは何でその空間的な特徴は何なの

か、それがありきたりなものではなくて、この地域ならでは、この場所ならではの新しい見方を探してみようよ、と呼びかけました。だから、テーマはある意味抽象的ですね。

　結果として、出てきたのはやはり小さなスケールのものや小さなスケールで起きている事象が多かった。例えばポンプ小屋とか小さな用水路が編み目のように地域をつないでいるとか、あるいは小さな段差を人が乗り越えていく工夫を住民が手作りの道具によって行っているといったことが、学生による観察の成果として出てきました。逆に言うと、そうした小さなモノやコトに着目せざるを得ない部分もあったのかもしれません。

　それからこの回で特徴的だったのは「農」でしょうか。「農のまち」ということは宮代町としても言っていますが、農業というのは実際行う人たちが自分で環境をカスタマイズしていく傾向がある。ポンプ小屋を始め小さな道具や橋をつくるなど、住んでいる人たちが自分で柔軟に環境を使いこなすということが起きています。

田園風景の広がる宮代町の様子。写真は宮代特有の稲作法による「ほっつけ田」
（写真：日本工業大学吉村研究室）

　さらに住宅地の問題です。住宅地も必然的にそれほど大きくない、ヒューマンスケールの空間をどう丁寧につくっていくかということが問題になります。建物自体だけではなく、生け垣や門、あるいはアプローチといったところに着目した発見もありました。

　また、この地域はおよそ50年前、日本工業大学ができた頃に住宅地として開発されたところで、その後の年月の間にいろいろ変わってきています。古い住宅地の住民が高齢化し、空き家が増えていくと同時に新しい住宅地ができていく。そういう時間的な流れの中でまちというものをどう考えていくかということも議論になったと思います。

　そして、私自身はこの回の大事な成果と考えているのですが、「つなぐもの」、「分けるもの」といった、建築を設計するうえで一見ばかばかしいぐらい原理的なこと、あらためて立ち返って考えるまでもないようなことを、もう1度丁寧に考えてみようと思うに至ったことです。例えば境界の問題ですね。敷地境界の話もありますし、水路によって分けられた場所同士をどのようにつなぐか、といった話もあったと思います。あるいは、これは確かフランスからの留学生による指摘だったと思いますが、小さな祠に向けて鳥居が林立する参道空間も、つなぐもののあり方のひとつかもしれない。あるいは、住宅地の生け垣とか。こうした要素やそれらの関係を今一度しっかり考えていくことが

東武動物公園駅近くにある女躰宮の鳥居

まちにとって重要ではないかという話もありました。

　最後にワークショップの成果物すべてを描き込んだ、大きな地図をつくるというまとめ方も印象的でした。新しい認識を持つということは、その認識を記述することでもある。地図に学生たち各班の成果を描き込んで宮代の大きな新しい地図をつくったことがひとつの成果になった気がしています。

▲宮代町でのまちデザインゼミ。リサーチ結果を持ち寄り、大きな白い地図上に描き込んでいく

岩岡：まず、宮代町の活動記録の冒頭の写真（p.108）がとても良いと思います。光がちょうど差し込んできていて。学生と教員が一緒になって、まちの何かを発見していく感じがよく伝わってくる……。

　小川さんの話を聞いていて思いましたが、宮代町のワークショップで一番面白かったのは、小屋などのほとんど風景化しているような小さなものが実は重要ではないかという、景観の中でのデザインの話です。そこにフォーカスして何かできないかという印象が強くあって、それは他の回にはあまりなかったような気がします。ゼミを5回重ねた中で、地域性に関して何がメインになるかが場所毎に違ってくるのは当然で、それを総括するオールマイティーなやり方などないと思います。例えば僕が担当した第5回の野田市には運河しかないので、それが広大なヴォイドとしてメインにある。その当たり前のようにあるものを、何かもう少し非日常化できないかということが議論になったと思います。

　そう考えると、まちデザインゼミを毎回違う場所でやることで、何がそのまちのメインの事象になっているのかが見えてくる感じがします。

小川：まちによっては、何かしっかりしたそれなりの規模の建築や土木構築物が場所を特徴付けているようなところもあれば、対照的にと言いますか、宮代のようにもう少し小さい特徴的な場所が点在している、あるいは特徴的な境界のあり方のように、言ってみればまちの中で潜在化している、意識しなければ気付かないけれど、繰り返されることによってその地域全体の性格を特徴付けている場所を持つところもあると思います。そういう場所は、住んでいる人にとっては当たり前になりすぎていて、ほとんど認識されていないと思います。例えばポンプ小屋などは、昔から水を吸い上げて田んぼに行き渡らせるという機能がはっきりしているから、それ以上でもそれ以下のものでもない。ただ今回、学生がいろいろこうした現状を発見した上で、でもこうしたポンプ小屋的なものを、例えば家の離れとして使えないかといったように、そこで何らかの読み替えを提案しています。すでに地域の中にいくらでもあるありふれたものでも、少し見方を変えることによって意味が変わってくるのではないかというのは、面白い考え方だと思いました。

岩岡：例えば、まず象設計集団設計した建物が宮代町にかなり影響を与えていますね。あれはあれで一種のまちづくりであり、わりあいオーソドックスな、先ほど小川さんがおっしゃった、建築でまちをつくるということの典型例だと思います。更に言えば動物公園自体がまちづくりのひとつとも言えるかもしれませんが、そういう部分ではない視点でわれわれはこれまでいろいろ考え、ワークショップをやってきたと思います。

小川：笠原小学校にせよ進修館にせよ、建築家が建築家らしい時代の、まちと建築家との関わり方だったと思います。ある意味作品というか、作家主義的な建築をつくって、それがその土地を代表していくといった具合に。でも、今の時代はなかなかそうもいかない事情もありますね。

　建築家として、チャンスがあればそういうことをやりたいというのは当然あると思いますが、もう少し違う形でもまちにとって意味のある関わりを持つ可能性はあるのではないでしょうか。先ほど私は「潜在化」という言い方をしましたが、潜在的な形で地域を面白く特徴付けていく、そうした関わり方も十分あり得ると思います。

岩岡：その手法というか、先ほど話題に上ったまちの見方をどうするかという話もありますが、その上で具体的な手法をどう生み出すかという話も重要だと思う。後者はすごく繊細な部分、難しい部分もあって、やり方としてはアーティストに近いような感じもします。

小川：そう思いますね。だから、これまで建築が担ってきた役割とは少し違う部分があるのかもしれない。ただ、実際の使い道があるかないかとかいうことまで含めて、何かもう少し違う形で建築を専門にする人たちが関わっていける余地が出てきている気はします。そういうことを楽しんでもらえる土壌が、だんだん社会にも出てきている感触はあります。

寺内：宮代町でのワークショップで一番印象深かったのは、まちに潜在化しているものを改めて発見できたことです。普段はそのまちにいない人間であり、建築家かつ大学で活動するメンバーだからこそ、別の視点を持つ他者として小屋や新旧の住宅地、あるいはつなぐものと分けるものといった、新鮮な眼差し

東武動物公園のローラーコースター。田畑の広がる風景の中に大型娯楽施設が突如として現れる

笠原小学校（設計：象設計集団、1982年）
大きな屋敷林の中に建物群、表庭、裏庭、半屋外が連続的につくられている。はだし教育が今でも継続されている

でまちを見ることができたのではないでしょうか。

　一方で、たとえそこに住んでいたとしても、常に新鮮な気持ちで地域を見る、あるいは観察的・発見的に見るという意識が大事だと思います。学生に対しては、その視点さえもっていればこれからいろいろな場所に関わっていけるというメッセージにもなったと思うし、われわれにとっても、常にそういうフレッシュな見方をすべきだということを、今後いろいろな場所で活動していくうえでの姿勢として改めて確認できたような気がします。

まちに潜在化したものを見出す

寺内：小屋の話に関連してですが、宮代に江戸時代からある田畑へ均等に水を運ぶ水路の工夫のようなものを、教員で連れ立って見に行きましたよね。

岩岡：「ほっつけ [1]」ですね。

小川：宮代は地下水位が高く水はけが悪いので、稲作をしようとしても水位より低いところにしか土地がないから、なかなか乾かない。そこで地面を半分削って、削った土を残った土の上に載せて水位より高い場所をつくり、そこに稲を植えるわけです。土地の面積は半分になってしまうけれど、でこぼこにする

写真提供：埼玉県宮代町

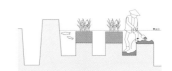

[1] ほっつけ
宮代町の伝統的な農法。耕作部分に挟まれた水路部分を掘り付け（ホッツケ）と呼ぶ。沼地や窪地など水がたまりやすい地域の水田開発や、排水不良をおこしている水田の水腐れ等の被害を軽減させるためにつくられた。沼底を更に掘り込み、そこから出た土を周囲に盛り上げることで耕作面をかさ上げする工法

▲ 田園のなかにポンプ小屋が点在する

ことで一応稲作ができるようになる。

寺内：そう。宮代町に限らず、北関東らしい田園のひとつのつくり方だと思いますが、それが近代化されたのがポンプ小屋だとも言える。そう考えると、余計にこのポンプ小屋が愛らしく思えてくるわけです。つまり、これまで何百年と続いてきて、これからもつながっていくだろう「水を配る」という営みのための装置としてこのポンプ小屋を見ることができたのが、得がたい体験になりました。学生はもう少し抽象的に「小屋かわいいな」とか「この田園の中にけなげにひとりで立って」といった感覚で捉えたかもしれません。それはそれで良いし、歴史をちょっと知ることでさらに楽しめるといった具合に、ポンプ小屋ひとつとっても意味の重なった存在であるということを改めて発見できたことが面白かったです。

　また、ゼミを５回やるうちに、学生が班を組んで発表するという方法が定着しましたが、宮代町のときは最終成果物の大きなマップが印象的でした。小さなものを発見してその蓄積として全員で大きなものをつくるという作業の成果として。小さなものを沢山積み上げて大きな全貌を考えるといった作業の成果は、遠くから立って高い視点から見下さない限り得られないわけですね。この時のゼミでは、一般的な都市計画のように上

から見下ろしてだんだん細かくしていくといったプロセスとは全く逆のことを行ったわけで、それも非常に面白かったです。最後に、みんなでこうやって地図の中に入り込んでいくような、大きな全貌に開いていくような経験も良かったと思います。

小川：確かに、テーマだけで展開して最後に振り返らないと、議論が抽象的なまま終わってしまうように思いますね。寺内さんの話で思い出しましたが、ワークショップの際の鈴木さんの発言が面白かったです。やはりポンプ小屋に絡めてなのですが、ポンプ小屋があるということは、低い位置にある水路から水を吸い上げて田んぼに行き渡らせているはずだから、土地は平らに見えるけど、吸い上げた水をさらに行き渡らせるために地形に微妙な勾配があるのではないかと。もしかしたら、その地形に沿って平面的にポンプ小屋の配置も決まっているのではないか。だから、ポンプ小屋だけ見ていると「ボロい小屋だな」で終わってしまうけど、どういう役割でこれがあるのかとか、この場所や地形との関係からはどのような意味があるのかと考えていくと、実はポンプ小屋の存在を通して地域を潜在的かつ網羅的に覆っている大きなシステムが見えてこないだろうか、という意見でした。小さな存在だと思っていたら、実はその地域の構造を司っていたという事物があるのかもしれない。

寺内：そうですね。例えば第1回の宇都宮で行ったゼミでは、大谷石のように地域に特有の資源や材料といったものに着目してみようと言っていたと思います。宮代町の場合は、ワークショップの最初に「対象と空間キャラクターをみんなで見つけてみよう」というレクチャーがあり、学生たちは割と好き勝手にまちの中を歩き回りました。最初は景観上の特徴とか、実は地形に高低差があるといった話はそんなに出ていなかったと思います。結果として、ポンプ小屋のように観察しながら発見されていくというところに発展性を感じましたし、この成果が研究に展開可能かもしれないという話もありましたね。次に考えていくきっかけを発見することができたのは、この回の大きな成果だなと思いました。

小川：景観に関して言えば、どなたかが最後のまとめで「建築の周りに何もない風景を久しぶりに見た」と言っていました。それなりに大きな建物であったとしても、周りに何もない畑の中

ネギ畑の奥の福祉医療施設

にポツンと建っているから、そんなに大きな施設に見えない。実際に物理的に小さいわけではなくても、風景の中で普通の規模のものが小さく見えるといったことも、この地域の景観の特徴というのだと思いました。スケールとサイズの関係を、身をもって認識できたわけです。

岩岡：ポンプを使うということは、水を逆流させるというか、水を汲み上げてまた下に流すこと、つまりすでにある地形に新しい地形をつくるということでもある。地形があるにはあるのだけれど、平らだからどうにかしていろいろなところに水をもっていく必要が生じることで、土地を人工的に立体化させるわけですよね。逆にある程度明確な地形があるところはそのままで流れるわけだから、あえて地形を変える必要はない。

　このことは、北関東という地域、関東平野という比較的平らなエリアのど真ん中みたいなところに特有の状況と言えるのではないでしょうか。第5回で対象とした運河もそうですが、農業のための水をどうやってもっていくかとか、川の流れをどう人工的に変えるかといったことが、地域を考えるうえでの鍵になるし、それが風景をつくっている気がします。

寺内：そうですね。水路というのは都市計画上の大きなテーマだと思います。水路は、農業や生活用水などの人間活動ためにある以上、自然と人工の接点とも言える。でも、何十年、何百年も使っているうちに風景化するというか、水路のでき方でこの地域ができているようにも思えてくる。またポンプの話に戻りますが、ポンプ小屋の小ささは水田のレベル差にも関係していると思います。土地のレベル差はちょっとしたものだから、ちょっと上げればいい。この小さな落差、微差をうまく利用する工夫が、ポンプ小屋の規模に反映している。

岩岡：第2回のゼミで訪れた小布施のようなまちは扇状地ですから、その場合は水の流れをちょっと変えて、それを家の中に引き込んだりすることができる。そういうやり方とは違いますね。

寺内：違いますね。やはり水の使い方、水がつくる風景の違いだけでも地域性が出てくるのが面白いですね。

小川：いわゆる水辺の良い風情の風景をもつ地域がありますね。水と人の暮らしが近くて、水辺で洗い物するといったような。宮代はそういうまちとは違っていて、農業に特化した場所なので、基本的に水を引き込むのは農業のためという機能がはっきりしているから、なかなかそれ以上の風景にはなりにくいのです。だから、水路は行き渡っているのに意識されることが少なく、水の存在が潜在化してしまうのです。ポンプ小屋自体も極めて機能的なものだから、それほど丁寧につくられているわけではないし。

寺内：建屋と建物の辞書的な違いというものがあります。建物というのは、中に入れるのは物でもいいし人でもいい、誰がどういう使い方をしてもいい建造物です。だけど、「原子炉建屋」とは言っても「原子炉建物」と言いませんよね。あれは原子炉を囲っている囲いであって、建屋なのです。ポンプ小屋は建屋です。ポンプ小屋とは、ポンプを雨ざらしにしないための囲いですから、人間がこの中に入ることは前提として考えられていない。だけど学生たちは東屋にできないかとか、何かもう少し人が関わる場にしていきたいと考えた点が面白く感じました。建屋と建物は空間という意味では同じであるというように、あえて意味を誤読することや、社会的な規制、慣習的な見方や定義を少し変えようとすること、知らないがゆえにチャレンジすることが、まちづくりの基本とも言えるのではないでしょうか。

共同性の場を再考する

小川：このワークショップを行ったのは2018年ですから、コロナ禍以前ということになります。ポンプ小屋に対する提案は、生活のメインの場所としての住居があって、それとは少し違う生活の一部がはみ出した離れが飛び地のようにまちの中にあることになる。今の時点になると、そういう暮らし方にとてもリアリティーが感じられて、このアイデアには可能性を感じます。

岩岡：ポンプ小屋はそれぞれ所有者や管理者がいるのでしょうか？

小川：いると思います。ただ、いろいろなケースがあるような

気がしますが。田んぼの中にポツンとある場合は、恐らくその田んぼの所有者なのでしょうが、もしかしたら付近で共同管理している場合もあるかもしれません。

寺内：ポンプの所有や管理が単独なのか共同なのかという違いによって、その地域の農業コミュニティーにおける共同作業の単位などが分かってくるでしょうね。だから、ポンプ小屋を調べることによって地形だけでなくコミュニティーの配置も分かったかもしれない。

小川：そうですね。水の分配は、古来より農業コミュニティーにおいてとてもセンシティブな問題であり、それこそ地域における共同性の核になるわけだから。今の時代にもう1度読み直して、新たな使い道を模索することは可能かもしれません。もしかしたらこの地域には、こういう場所が他にも結構あるのかもしれない。

岩岡：農業がメインの地域には、農具小屋や農作業のために服を着替えるちょっとした小屋があったりしますよね。必ず所有者がいるのだけれど、母屋は全然違うとこにあってそこと行ったり来たりする。

小川：収穫したお米を脱穀する機械が置いてある、無人のコイン精米所などもありますね。そういう個人の場所がまち外れにポツンとある風景はよく見られる。そういうものが地域全体でいろいろなパターンがありそうで、これもなかなか面白い。

寺内：個人が提供している場を、時折共同で使うことがあったりすると、そこでひとつの場がつくられているわけで、それは面白いですよね。私は以前、地域のゴミステーション、ゴミ置場を設計したことあるのですが、それなどまさに当てはまると思います。誰の土地でもないところに設置する場合や、個人の建物の軒下を提供する場合などいろいろなパターンがあるのですが、誰かに一方的に負担を押し付けるではなく、掃除はみんなでやるとか、ちょっとしんどいことをみんなで分かち合うといった感覚は、地方にはまだ残っていますね。

小川：いわゆる近代以降に開発された住宅地とはとても対照的

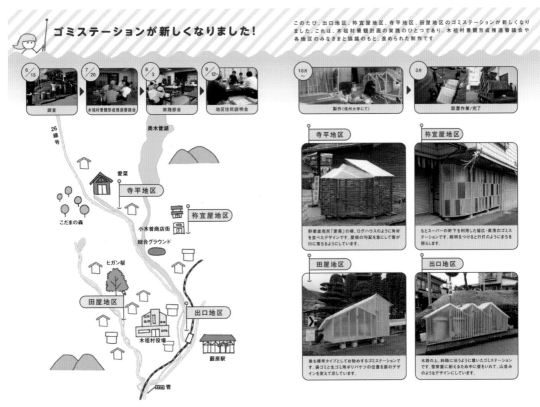

ゴミステーションが新しくなりました！

このたび、出口地区、祢宜屋地区、寺平地区、田屋地区のゴミステーションが新しくなりました。これは、木祖村景観計画の実践のひとつであり、木祖村景観形成推進審議会や各地区のみなさまと協議のもと、進められた制作です

6/15 調査 → 7/20 木祖村景観形成推進審議会 → 9/3 実践部会 → 9/12 地区住民説明会

10月 製作（信州大学にて） → 3月 設置作業／完了

寺平地区
野菜直売所「愛菜」の横、ログハウスのように角村を並べたデザインです。屋根の勾配を急にして雪が川に落ちるようにしています。

祢宜屋地区
もとスーパーの軒下を利用した幅広・奥深のゴミステーションです。照明をつけると行灯のようにまちを照らします。

田屋地区
最も標準タイプとしてお勧めするゴミステーションです。砕ゴミと生ゴミ用ポリバケツの位置を扉のデザインを変えて示しています。

出口地区
水路の上、斜路に沿うように覆いたゴミステーションです。雪荷重に耐えるため中に梁をいれて、山並みのようなデザインにしています。

▲ 長野県木曽村景観計画の実践のひとつとして、ゴミステーションの更新が企画され、要望のあった4地区4カ所に対して設計・製作を寺内研究室で行った。
ゴミステーションのデザインや設置場所など、各地区と協議を重ねるなかで、自主的に掃除や保全をしてきた地区ごとの工夫を知ることができた。
配布用のパンフレットには作り方を載せており、地元の木工所の協力も得られることから、「自分たちで作るゴミステーション」が期待される。

な気がします。個人の姿勢が表出する場所がまちの中にあっても、みんなそこで目くじら立てずにそれなりにちゃんと共存していけるというあり方、大らかさは面白いし、可能性を感じますね。

寺内：興味深いテーマですね。近代以降の公共性の概念では、人間を全部均等に扱い、誰も所有しない場所を一生懸命共有しようというルールを考えましたが、それ以前の社会では必ず誰かが所有しているわけですよね。でも別に名前は書かないし、何か別の人が関わったり水を引いてきたりするわけだから、恩恵は皆で享受しているわけです。そういう所有と共有が同時に生じているという意味で、この場所は実はとても高度な共同性をもっていると言えるかもしれないと思いました。

小川：何か漠然と、もう一度そういう方向に社会が戻っていきそうな気もします。昔のカヤ場のような……茅葺き屋根をふき

替えていくときのカヤを刈る場を、集落の外れに共有している、それは誰のものでもないといった具合に。

足立：宮代のあたりは少ないかもしれませんが、田んぼの境界を示す目印として卯木（うつぎ）が植えられています。田んぼにも所有の境界があって、それを示すために小さな木をポツンと植えておくものです。広大な田んぼが広がる中で、卯木がポツリポツリと見える風景が面白かったりするわけです。そういう何か見えないルールみたいなもの、まさに潜在化している所有に基づく土地のきまりがランドスケープとして現れるところが興味深いです。

農地の堺木（境界標）として植えられている卯木（うつぎ）

ワークショップの成果に何を求めるか

足立：もう少しスケールの話を続けると、第5回の理科大のまちゼミでは、宮代とは逆に利根運河というとても大きな水路を対象としたワークショップにチャレンジしました。その際も、学生たちはそこに飛び石を並べてみたり、仮設的なステージのようなものをつくったりといった具合に、やはりとてもささやかな提案をしていたように思います。

岩岡：実際にこれまでも学生が主体となったイベントを行ったり、一時的なものをつくったりしたことがありました。ただ、利根運河はもともと水運を利用するためにつくられたという経緯もあることからスケールが大きい。だから、同じように水をテーマとしてはいるけれど、先ほどのポンプ小屋の話とは大分違って、都市的スケールのシステムが前面に出てきますね。

足立：第2回の小布施のまちゼミでも、プロジェクトの提案として、別に「建物をつくってはいけない」といった縛り方はしませんでしたよね。

寺内：しませんでしたね。小布施のときはいわゆる修景、何年もかけてつくり上げられた地域の景観像とその外側に何かを見つけなさい、という題目でした。こう言われると、もう誰も建築をつくることには向き合えなかったのでしょうか。

▲ 利根川運河シアターナイト。運河水辺公園を中心に行われる年1回のナイト・イベントで、理科大の一部の現役学生が自主的に企画・運営して実施され、毎年多くの見学客で賑わっている。2012年から始まり2022年11月に10回目の開催となった。

岩岡：1日とか半日といった限られた日程の中で何とか成果を出そうとすると、どうしても大きな建築をつくるのは難しい。その上でまちに対してどう関われるかというと、どうしても点をいろいろつくるとか、それらを線でつなぐといったものが多くなるのはやむを得ない気もします。

寺内：私も短い時間だからやむを得ないという点は理解できます。一方で、たとえ構築性の高い巨大なものをテーマとして与えられても、自分が関わっていくきっかけとしては小さな日常的なスケールやそのまま身体化できるような大きさ、あるいはどこか自分との関連があるような身近な、日常的なものからデザインを始めたいという指向が学生にある気がします。同様に、現代の若い建築家にもそういう感覚があるのではないでしょうか。対象が小さいから小さなものつくるのではなくて、自分が実感の持てる、ある意味欲張らず大げさにならない、大向こうをうならせないものを目指す、と。そうした小さなものから世界を見たい、世界を構築したいという感覚が強くあるのかな、と感じました。そういう感覚を若い世代は共有していて、宮代町を見たときにまさにしっくりきたのかもしれません。自分が普段から設計製図などを通して持っている感覚や、好きな建築から受け取る感覚がそのまま宮代町で生かされるような。

第5回のまちゼミが行われた野田に、必ずしも前年と同じ学生が来たわけではありませんが、分析や提案の指向性というものが、小ささや日常性、自分の実感や好みを大事にすることなどから始まったような気もします。

岩岡：ひとつのまちを観察する視点という意味では、日常的な部分や気づきにくい小さなものを見つけることも重要だし、そうした視点は誰もがもっているような気はします。

一方で、もうひとつ逆の大きな視点をもっているかという点が気になります。「遠くから見たときの全体としての景観」という視点は、現代の日本の場合本当にあるのだろうか、と。景観は、もうできたなりになっていて日常化しており、別にそこに批評的なものはない。むしろ小さな部分にそうした批評性を見出している。それらをプロジェクト化するということは、そこに相当意識が働いているということですよね。

でも、われわれのまちゼミには外国人留学生も混ざっているわけだから、そうした視点だけではない気もします。外国人はまた違う視点からアプローチしているのではないでしょうか。より景観的な視点から見るとまちはどう捉えられるか、といったように。

日常性の中から建築を発想することの功罪

足立：第5回の野田のまちゼミの話ですね。外国人留学生のいるグループは、まず全体のマップのようなものを描くところからスタートしましたね。

小川：トップダウン的な、俯瞰的な見方でしたね。寺内さん、岩岡さんの話にもありましたが、自分が実感の持てるスケールや日常性の中から建築を発想していくことも大事だと思いますが、一方で建築は何か途方もない想像力とか、思い切った仮説に基づいてトップダウン的に考えてみるという方法もあっていいはずなのですが、そちらは少し枯渇している感があります。それは別に学生に限った話ではなくて、もしかするとわれわれも含めて社会全体がそういうことにリアリティを感じにくくなってきている、ある意味元気がなくなってきているのでしょうか。

岩岡：そうですね。本来その両方からのアプローチが必要なはずで、その中間に建築があるべきだと思います。建築をつくることでまちをつくっていくという視点はあるはずで、そこにコミットしたい。単に建築をつくるだけではなく、まちをつくることまで応援していきたいという意識があるのです。もちろん建築をつくるということはディテールもつくることだし、建築に関わる以上全部両方できるはずだ、と。建築の魅力はそういうところにあるような気がするのですが……。

　学生は、単純に言うと「インテリアが好き」「家具が好き」など、自分でつくれる範囲のものに関心が強い。それを超えて、例えば「外観はどう考えているの？」ときくと「あまり考えていません」といった具合です。インテリア、つまり自分の世界の向こう側が信じられないということでしょうか。身体の延長としての建築、身の丈に合った建築も良いのです、そちらの方がリアリティを持ちやすいから。でも、そこからどこまで広がるかが重要だと思います。

寺内：そうですね、「いま自分たちのいるこの小さな世界でOK」と言ってもらえれば、もうそこで建築は成立する、という感覚でしょうか。だから、「この建築が将来ずっと建ち続けたら」とか、「この建築によってこの地域全体がどうなるか」とか、小さなところから始めて最後の大きなところまで、できるだけ視野をもつという意識が必要なはずですが、どちらかに終始しがちなのでしょうか。日頃学生たちと接していて、「この繊細さは何なのかな？」ということを、物足りなさと共に感じます。この繊細さをもう少しうまく語ってくれれば、これはこれでという気も一方ではあるのですが……。

小川：岩岡さんの学位論文であるイメージ論 [2] は、まさに建築が引き受ける少し大きな役割を問題にしているように思います。建築が社会の中でどういう意味をもつのかとか、そのあり方はどのように社会に受け止められているのか、つまり建築における「全体性」に関する想像力がちょっと欠けてきている感じもします。

　また、「まちデザイン」の意味に立ち返る、あるいは最近の建築の分野におけるまちづくりブームについて考えるところもあります。これまでの都市計画に対する批評的な意味合いもあると思のですが、程度の違いはあるにせよ、近年の計画学は何ら

[2] イメージ論
岩岡竜夫『現代住宅における外形意匠の図像性に関する研究』東京工業大学（学位論文）、1990年3月
住宅の外形が現代社会の中で担っている意味（イメージ）と役割（構造的枠組み）について、一般の人々へのアンケート調査等により得たビッグデータをもとに分析し明らかにしたもの

社会に内在する〈家のかたち〉の2つのイメージ

かのかたちでまちづくりに関連するものが席巻しているようにも見えます。「俯瞰的に都市を見るのではなく、GLレベルから人間の視点や活動から広がっていくまちを考えよう」いう発想は、それはそれで十分意味はあったと思います。しかし、それがやや行き過ぎてというか、目的を見失って、自分のこじんまりしたテリトリーを拡張することで満足してしまうとあまり楽しくない。先ほど述べたような、現実からは見えないおかしな想像力を発動させることで、今までなかったものをドンと提示できることが、建築の、特に設計の魅力のひとつであるはずです。その可能性がもうあまり信じられないとなると、こういうまちに関する活動の意義自体に疑問をもたざるを得なくなってくる。

寺内：坂本一成先生が理科大（第5回）で講演してくださった際に、「都市計画という概念は嫌いではないが、まちづくりはどうだろうか？」と述べていました。参加者がその場限りで盛り上がっておしまい、とはならないだろうかという疑問です。未来を構想することが都市計画の意義だとすると、自分はそちらの方が共感できるというご意見でした。

小川：都市計画やまちづくりが、時間という概念をどう含むかという議論でしたね。

岩岡：先ほどのポンプ小屋の話題の際、小さいことだけが特徴ではなくて、実は昔からある水を分配する仕組みを現代に引き継いでいる、という話がありました。つまり、ポンプ小屋は伝統なり歴史なりを背負っているわけです。空間的には小さくとも歴史的な視点と地理的な視点、伝統を引きずっているとも考えられる。だから、そこには時間が凝縮されているわけであり、当然、それは未来に向かっても開かれていると言える。大きさだけの問題ではないかもしれない。

　あるいは、大きな視点、小さな視点というだけではないかもしれない。もう少し数字的な視点というものもあるのではないか。だから都市計画や100年後を見据えてやっているようなプロジェクトも建築の問題になり得るし、そういう意味でまちおこしのようなものが、一時的な盛り上がりで終わるかもしれないけれど、より大きな出来事の起爆剤になり得るかもしれない。その違いのような気がします。

社会に利用される＜まちづくり＞

小川：いわゆるまちおこしに感じる危うさは、参加者による自己満足というか自己完結に終始しかねない点です。その上、ポピュリズムにつながりやすい危険性もある。その場でみんなが達成感を感じて、何となくハッピーになって終わってしまいかねない。このことは、これまでの自分の活動を振り返って、反省の意味も込めて言っています。つまり、活動が自閉的な回路に陥り批評性を持ちにくくなる、気をつけないとそういう袋小路的な状況に迷い込む怖れもある気がします。

寺内：良いことでもあるのですが、その場限りのイベント的なものに建築家や建築を専門とする人も多数関わっていますね。それが継続的にできたり、あるいは将来の時間軸の中で何かが提案できたりすればそれはそれで良いと思いますが、一方でその辺りに常に危うさも感じています。

小川：今回のテーマから少し脱線してしまうかもしれませんが、私たちがまちづくりに関わる際、下手をすると大学という立場を利用されかねない。いま大学を再編しようという社会的に大きな動きがありますが、その中でいろいろな大学を3種類ぐらいの枠組みに位置付けるということが行われつつありますね。役所の主導により「自分たちがどのカテゴリーに該当するのか決めなさい」と、大学自身に社会的な位置付けを迫るものです。こうした動きの中で、地域貢献ということが大学の役割のひとつとして重視される傾向があります。それは良いことでもある反面、本来批評的な存在であり、自由に活動すべき大学の研究室が実用性や有用性を求められ、自己完結的な社会のシステムに組み込まれかねない恐れもある。そのことは非常に注意しなくてはいけない。「社会実験」などという概念がこれだけ良き価値として語られるということについても、少し考え直してみた方が良いのではないかとすら思えてきます。

岩岡：私の大学でも、いきなり「何か地域貢献しましょう」と駆り出されているところがある。確かにこれまで大学というのは、世俗的な利害関係を超えた存在という認識があった。でも、例えばもっと昔のことを考えると、あるいはグローバルな視点で言うと、地域貢献を重視する大学も沢山あるような気がしま

す。大学ができたことでまちができた、というところさえある。あるいは、ある大学はこのエリアを完璧に調査するとかいったように。だから、そういう活動は研究としてはあり得るような気がします。そういうことを大学以外の組織で行うのはなかなか難しいので。ただ、それを逆に利用される、例えば行政側に、ということは危ない。特に危険なのは学生が利用されるということですね。

小川：本質的には正しい考えだと思いますが、目に見える成果や即効性、そしてそれをどのように具体的に社会に還元しているかといったことに評価が偏り過ぎると、それはちょっとどうなのだろうと思いませんか？

寺内：国が数種類に大学を分類するという点が既に問題であると思います。大学というものにまだ良心と言いますか、批評性が担保されていて、実用的な成果を求められた際に「それもやりますが、抽象的・批評的な活動もやります」と言えれば良いのですが。先ほどの、空間と時間の関係を思考するとか、小さいことと大きいことの意味を考えるなど、何か複数の目を持っていれば、あるいは複数の方向性がかなえられていれば、そういう状況の中でもうまくいきそうな気もするのですが。

小川：そうですね。複眼的に思考して行動することが大事だと思います。

＜まちデザイン＞と表現

寺内：確かに、複眼的に見るということですね。もうひとつ、別の問題提起をしてみたいと思います。こういうまちをデザインするとか小さなものから始めるということに絶対的な方法はないかもしれませんが、ある種の美的な感覚、あるいは建築家としての作品性や一回性、あるいは個性と言っても良いかもしれませんが、そういうものがこの種の活動に果たしてどの程度必要なのかということについていつも考えます。例えば合掌造りのようなものに個性などいりませんよね？ 単に合掌造りという構法が持続されていけば良いわけであって。でも、もう１回小屋の話に戻りますが、個性的な小屋がいろいろあってもちょっ

白川郷合掌造り集落
「合掌造り」とは、手の平を合わせたような急勾配屋根を特徴とする、又首構造の切妻屋根の茅葺家屋。豪雪という自然条件、屋根裏（小屋内）の養蚕利用など集落の暮らしをそのまま映す姿を、建築史家ブルーノ・タウトは、「合掌造り家屋は、建築学上合理的であり、かつ論理的である」と絶賛した（『日本美の再発見』1939）。1995年、『白川郷・五箇山の合掌造り集落』がユネスコ世界遺産に登録される。

と面白いじゃないですか？ そういう歴史的な形式や様式と、まちデザインを通して提示していくものとの距離はどのように考えたら良いのでしょうか？

岩岡：歴史家であれば、いまある状態を歴史的に位置付ければ事足りるけれど、建築家、あるいは意匠のケースだとその先の表現になるべきではないか、ということでしょうか。

小川：建築のつくり手として作家性や作品性についてどう考えるか、ということですね。

寺内：そうです。例えば最近はいわゆるリノベーション、建物を改修してつくることや、既に存在するものに手を加えるというプロジェクトが多いわけですが、そこでデザインにおけるユニークさをどう考えるかということをお二人に伺ってみたいです。

岩岡：リノベーションのように、時間軸の中で既に存在していたものに対してどう手を加えるか、変えていくか。その変えた結果に自己表現が成立するのか、あるいはそもそもそこに表現がいるかいらないか、という話でしょうか？
　私は、既にリノベーションの仕事も結構あるから、当然そこで表現はできると思っています。答え方や方法は沢山あって、その中のどれを選択したか、どのように行ったかに設計者の個性が表れるのではないでしょうか。あるいは既存のものと新たに付け加えてできたものとの間の関係に表れるのだと思います。

寺内：まちデザインゼミで扱っているヴァナキュラー[3]なものに対して手を加える、またはデザインするとしたら、できたものにおける作品性というレベルはどのように考えますか？

岩岡：当然作品性はあると思うし、むしろ単にゼロから始める建物よりも表現上面白くなるかもしれない。最近のアーティストには、日常的な風景を切り取るとか気付かせるということを表現にしている人も多いと思います。実在するものにプラスアルファしない限り見えてこなかったものを見せる、といったように。例えばわれわれはポンプ小屋に目を付けたわけですが、これも何も言わなかったら「ただある」だけですよね。だけど、い

ARCHITECTURE WITHOUT ARCHITECTS
by Bernard Rudofsky

[3] ヴァナキュラー
「ヴァナキュラー（vernacular）」は、「土着の」「その土地固有の」「日常的な話し言葉の」などの意味があり、建築家バーナード・ルドフスキーが、同名の展覧会をもとにした著作『建築家なしの建築』（1964）で用いたのが最初とされている。展覧会ではアジア、アフリカ、オセアニアなどにおける「建築家なしの」土着的な建築が数多く紹介された。ヴァナキュラー建築は、幾世代にもわたる経験が口承によって蓄積され、それぞれの地域で風土色のある集落を形成している。

ろいろ考えてみたら面白いではないかという話で、その時点で
もはや表現になっている気がします。もう少し広げれば、こう
いうワークショップを行うこと自体が、大きな意味での表現か
もしれない。

寺内：表現というものの定義の問題そのものかもしれませんね。
小川さんはどう考えますか？

小川：難しいですね。私は基本的にこういうワークショップで
行った成果を、自分の設計の仕事に直接反映させるということ
は考えていません。

寺内：なるほど、そういう立場もありますね。

小川：それは先ほど言ったように、やはり何かをつくるとき、設
計するときは現実を超えていきたいということだと思います。現
実や日常から得られる認識をもとにつくるというよりは、リサー
チはリサーチでひとつの新しい、面白い発見ができた、と。そ
のことと自分がつくるものとは、一旦切り離したいという感覚
があります。それがなぜかはよくわかりませんが……。だから、
宮代のワークショップのときに、「新しい認識が得られればそれ
で良いと思う」と言ったのは、むしろ認識自体を表現にしたい
からではないでしょうか。見出した認識に基づいてそれを空間
に反映させて表現するというよりは、認識自体が表現である、独
立させても良いと考えているのだと思います。

寺内：第4回のまちゼミの主旨説明の際にも、「このワークショッ
プは何かを積極的に提案するというよりは、このまちに関する
新しい認識を発見することに主眼を置きたいと思う」と仰って
いましたね。そのときに、そうやって何かを発見し、それらの
意味をつなげていくわけですが、結局それをどうプレゼンする
か、そこで表現になるかならないかが大きいと思うのですが、い
かがでしょうか？

小川：その通りですね。認識と言っても表現の形式次第でそれ
が魅力的に見えたり、単に当たり前のことを言っているように
聞こえたりしますから。
　話がやや飛躍するかもしれませんが、大学に席を置いてつく

ることと考えることを同時に行う意義は、一旦この切断を受け入れることであり、大学で活動していて面白いのもまさにその点にあると私は考えています。それを無理に接合しようとすると、何か急に空々しくなる気もする。先ほど言ったように、「現実を分析し、創作に結びつける」というやり方は、論理的に見えて逆に空間を自由に発想するうえで足枷になりかねないのではないか、さらにうがった見方をすれば世の中に利用されかねないのではないか。だから、やはりそこは我慢して切断した方が良いのではないか、という意識が強くある。

寺内：最近の卒業設計では、農業はひとつの大きなテーマとしてあります。私の指導した学生の卒業設計に、耕作放棄地を敷地にして、使われていない倉庫や既存の石垣などを上手く再利用しながらリンゴの選果場と種苗施設を設計し、その場を復活させることを試みたものがありました。この作品は、ある卒業設計コンクールでは最優秀賞を受賞したのですが、学会で発表した際は風景として美しくない、という理由で否定的な評価をされました。この場合も、修景的な観点と言いますか、たとえ石垣に簡易な覆いを付けるような構築物であったとしても、いわゆる美的なこととか、あるいは作品としての表現性とかいったものが求められるのかな、と思ったわけです。

岩岡：でも、今の話だと批評されて風景として美しくないと言われたのですよね。「美しい」という基準が何だったのかにもよりますね。審査員の個人的な、主観的なものだったのでしょうか。

寺内：そこはよく分かりませんでしたが。よくよく考えてみれば、確かによくある選果場や育苗施設、よくある水路の小屋になってしまっていて、言われてみて初めて表現が、造形的な意味ですが、表現が足りないなと思いました。だけど、多分今の学生の感覚では、取り組んだ卒業設計の中の8割くらいがリサーチで占められていて、残りの2割がそれをもとに形をアウトプットするといった具合に、それらの比率も以前とは少し違いますね。だから、そこで着目したということ自体が表現になる、認識自体が表現であるというお二人の意見に私も賛成なのですが、それを最後にどうプレゼンするかが問われると、あらためて思いました。

青果物選果場とは、青果物の選別、包装、荷造を行い、商品に整える施設である（農業施設学会編(1990)）。共同選果場は、産地において重要な役割を果たしているが、老朽化による修繕費の増加や生産量減少による稼働率の低下が顕著となり、統廃合という課題を抱えている。自由にテーマを考えられる卒業設計において、地域の愛おしくも困りごとに目を向けるという態度は、大上段ではなく社会課題にダイレクトに関わり、ささやかでも確実に地域にコミットしたいという建築学生の希望を表している。

大学で何を学ぶか

小川：私が「新しい地図をつくろう」と言ったのもそういうところがあるわけです。また、宮代町でのゼミの最後にも言いましたが、残念ながら学生が提示した成果物のノーテーション [4] にあまり新鮮さが感じられませんでした。新しい認識を生み出したのであれば、新しい表記法で記述しなければならないはずです。実際の物、現実のリアルな空間に反映されなくとも、そこまで到達できれば立派な表現行為でしょうし、それはそれで建築という大きな概念の一部になり得ると思うのです。少し古典的かもしれませんが、大学で表現を考えるという以上、こうしたことに取り組んだ方が良いのではないかと思います。

　だから、理念だけが先鋭化するのも問題だとは思いますが、極論すれば実際に建つかどうかなど二の次三の次であっても良い。日本の大学では現実的な建物、ビルディング・コンストラクションに重きを置いて学ぶことが美点ではありますが、今の時代を考えると、あえてそうした実現する、しないということを過度に意識する必要があるのか。むしろ「大学で学ぶことの意義は建築という概念を拡張することにある」と語っても良いと思います。必ずしも今現在十分に理解され、評価されなくても良いのです。そのことの面白さが学生たちに伝わっているでしょうか？

岩岡：大学での研究や教育が少し偏っているのではないかと？

小川：若い人は現実の空気感にとても敏感だと思うのです。世の中全体が「実用的なものこそ是」とするような空気の中で、「現実の建物をつくることと直接的な関係はありません」と言い切って建築を考え、提案していくことに踏み切れない空気があると思います。でも、新たな建築的想像力を育てるのは、必ずしも実用的ではない方なのではないかという気がずっとしていて、まちゼミの活動がそういうことの一端になれば良いと思います。

　私が繰り返し、「宮代町でのワークショップの成果は、分けること／つなぐことといった抽象的な思考を考え直すきっかけが得られたこと」と述べる理由は、まさしくここにあります。

寺内：先ほどの議論とも関連しますね。「リア充」ではありませんが、現代はそうした現実的なリターンを求め過ぎる嫌いがあ

[4] ノーテーション
「ノーテーション」とは、記号や符号による表記法を指す。典型的なノーテーションの例として、数学における記数法や音楽における記譜法が挙げられる。建築の分野における平面図、断面図等の設計図は、具体的・物的な存在である建築物を抽象化して記述したものであることから、ノーテーションのひとつと言える。（参考：『10+1』 No.3　特集＝ノーテーション／カルトグラフィ、INAX出版、1995年）

りますね。「とにかく今、ここでできること」といった短期的な成果に重きを置くので、構想力とか概念を広げたいといった発想になかなか行き着かない。

岩岡：本来建築学は後者であるべきだと思いますが。ないものを想像して設計する、何もないところから何かを書かなければならないのですから。

小川：その通りです。「何もなくたって建築はつくれる」というところから考えて欲しいのです。60〜80年代のポストモダンの頃のドローイングを見返してみると、とても新鮮なものがあります。もはや現実を超えているというか、「そもそも現実から発想する必要などない」くらいの自由さがありますよね。いま、建築の構想力が現実に引き寄せられ過ぎて、矮小化している感じがします。

寺内：でも、おそらく世の中には、これからリノベーションしかやらない学科など出てくるのではないですか？ インテリアしか扱わない学科とか。

岩岡：リノベーションというと建築に限定しがちですが、よく考えると土地は繰り返し利用され続けるわけだから、土地の上の状態を変えていくことは一種のリノベーション、つまり新築の建築も含め、建築はすべてリノベーション、過去を引きずっていればすべてリノベーションともいえるのではないか、と。かつてのヴィジョナリーアーキテクチャーのように、意図的に現実離れしているもの以外はすべて一種の文脈を引きずっているわけだから。

寺内：つまり、厳密な意味で言うと建築はもうオリジナルには戻れない、常に何かが積み重なったうえでの現在でしかないわけだから。

小川：少し話がずれるかもしれませんが、最近「やはり美しい建築が良いのではないか？ いま必要なのではないか？」という意見を耳にすることがあります。僕もそれは直感的にとても分かる気がする。人の心に働きかけ、動きを与えるものとは何だろう？ と考えたときに、単に日常をなぞっていくだけではもは

ポスト・モダンの代表的な作家であるスーパースタジオによる作品『コンティニュアス・モニュメント』（1968年）。均質なグリッドの反復による巨大なモニュメント的ボリュームが、世界中の都市や歴史的遺産を横断していく様を描いた夢想的なプロジェクト。出典：『近代の見直しポストモダンの建築1960-1986』（展覧会図録、著作権者：東京国立近代美術館、朝日新聞社、1986年）

やそういうことは起きないということに、みんな何となく気付き始めているのかな、という気がするのです。これを反動的な意見と捉えられても仕方ないかもしれませんが……。

寺内：そのことはコロナの状況も関係しているのでしょうか？対面によるコミュニケーションが難しくなっていますよね。そうすると、家というか個別空間で思考することを強いられる。そのことと、何か美しさみたいなのを求める気持ちとかって関係あるような気がします。

ヴィジョナリーアーキテクチャーの話で言うと、ブーレーのニュートン記念堂案 [5] がありますね。他人と円滑にコミュニケーションを取っていれば、あのようなものは生まれてこない気がします。個人的に深い思索や妄想に埋没していかないと。

岩岡：そうですね。例えばジオメトリ、幾何学に根差した建築は、土地の状況やコンテクスト、時間的な変遷を一切切断して、無関係につくっていけるわけですね。スケールと幾何学だけで建築をつくれることは歴史が示しています。

寺内：そのように文脈を切断して建築を純粋につくると、今度は逆にコミュニケーションの手段が「美しいか否か」しかないということになりませんか？美しいから受け入れられるとか、見たことないほど異様だから認めざるをいないといった具合に。

小川：そこまでいくとやや極論だと思いますが、やはり時代に対する閉塞感というのは強いのではないでしょうか。この延長で未来を描こうとしても見えてこない、といったように。現状を少しずつバージョンアップしていっても恐らく飛躍的な絵は描けない、と。

岩岡：われわれ建築学の専門家としては、時代がどんどん進んでいくように感じる中で、果たして建築は生き残れるのか、といったことが気になりますね。それでも建築に未来はあるのか？ということに。

寺内：そうですね。実体としての建築は建ち続けるし、いろいろな技術革新も進むと思いますが、「学」としての建築はどうなるのか、ということですよね。大学で一体何を教えるのか。そ

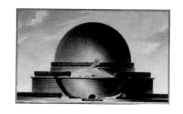

[5]ニュートン記念堂案
パリ生まれの建築家、エティエンヌ・ルイ・ブーレー（1728〜1799）によるアイザック・ニュートンの慰霊碑設計案。ブーレーは実作よりもアンビルド建築の方が有名で、「幻視の建築家」と呼ばれる。ニュートン記念堂は、直径150mの球体が円形の基壇に立つ。昼は星形の穴から外光が差し込み、夜は内部に吊るした発光体により外部へ光を放つという反転が起きる。

ういう卑近な話でないことは重々承知していますが、特に設計
製図で何を……。

足立：大変な話に広がってしまいましたね。

Activity Report

2018　埼玉県宮代町

Miyashiro, Saitama Pref.

小さなまちづくり

埼玉県宮代町では、地元の農業、都心に通う人々の居住環境、観光施設である動物園など、断片的で小さなコンテクストの中で、人々の日常の生活が営まれている。今回のまちデザインゼミでは、フィールドワークやワークショップを通してそのような地域の空間的な特性を丁寧に読み解き、建築が寄与しうるまちづくりの可能性について考える。

参加校

日本工業大学［小川研究室・足立研究室・勝木研究室・吉村研究室・竹内研究室］
宇都宮大学［安森研究室］／信州大学［寺内研究室］／東京理科大学［岩岡研究室］
前橋工科大学［石黒研究室・若松研究室］／武蔵野美術大学［鈴木スタジオ］

スケジュール

10.6 sat

10:00　集合・オープニングガイダンス
　　　　レクチャー
　　　　1）勝木祐仁氏
　　　　　　「宮代の土地の履歴」
　　　　2）吉村英孝氏
　　　　　　「宮代町での小さな取り組み
　　　　　　竹のアート展（宮代町ファンによる景観保全活動）について」
12:30　笠原小学校見学
13:00　ワークショップ：フィールドワーク
18:00　建物見学
　　　　・日本工業大学 W2棟／百年記念館（LCセンター）
19:00　懇親会

10.7 sun

9:30　　フィールドワークのとりまとめ（発表会準備）
13:00　発表会（会場：進修館）

1. レクチャー 日本工業大学 W2棟
　（設計：日本工業大学吉村英孝研究室＋ルートエー、2013年）にて
2. 宮代町立笠原小学校（設計：象設計集団、1982年）
3. 日本工業大学百年記念館／ライブラリー＆コミュニケーションセンター
　（設計：日本工業大学小川研究室、2008年）
4. 進修館（設計：象設計集団、1980年）

東武伊勢崎線

農地ゾーン

group A
小屋

調査ルート

日本工業大学

農業地域

東武動物公園

白岡
Shiraoka

N

0   500m

杉戸町
Sugito-Machi

東武日光線

大落古利根川

旧住宅ゾーン

85号線

かい・ひくい
もりもり

けものみちゾーン

すまいかた

ぼこぼこ

東武動物公園駅

駅前ゾーン

group C
線路沿いの風景

宮代町役場

進修館

たかい、ひくい

group H
水と緑のみち

group E
新旧住宅×境界

ひらく、とじる

いびつゾーン

混合地域

住宅地域

group D
駅前通り

宮代町立笠原小学校

新しいゾーン

宮代町立図書館

group B
ポンプ小屋

group F
つなぐもの・わけるもの

group G
自然と人工物

住宅

マテリアルの共通

階段　　橋

果樹　　竹林　　鉄塔

フィールドワーク　ワークショップ

〈対象〉×〈空間キャラクター〉

ワークショップの目的

今回のワークショップは、宮代町に特有の環境要素〈対象〉を
リサーチすると共に、それらの分析をとおして空間的な特徴〈空
間キャラクター〉(〇〇が見え隠れする、隙間が多い、光の差
し方… etc.)を引き出す。さらに、両者の関係による新しい宮
代地図を作成することを目的とする。

ワークショップの内容・方法

●宮代町の地域：学園台、本田、宮代、中央、西原、姫宮、
宮東、和戸(計8地域)。うち、大学周辺の学園台、本田、宮
代、中央の地域(徒歩で回れる範囲)を中心にリサーチする。

●グループごとに、下記に挙げた〈対象〉の中から関心を惹か
れるものを選択する。まちを散策しながら、それらのスナップ
写真を撮影して回る。

●担当する〈対象〉以外でも、興味深い事柄があれば記録し
て構わない。

●具体的な〈対象〉を「採集」すると共に、それらのもつ〈空間
キャラクター〉を「抽出」する。

●最終的に、チーム毎の成果をひとつに重ね合わせた〈対象〉
×〈空間キャラクター〉による、新しい宮代の地図を作成できる
と良いのでは？

〈対象〉と〈空間キャラクター〉の例

〈対象〉
水路、橋／竹林／住宅(新住宅地／旧住宅地)
農家、農業／鉄塔／東武動物園／駅からのアプローチ
まちの中での風景／周辺との境界
etc...

×

〈空間キャラクター〉
見え隠れ／スキマ／囲う／つながる
ポツリポツリ／スカスカ／飛び飛び／みっしり
ツギハギ／デコボコ
etc...

小屋 groupA

道路沿い、川沿い、水田の中などに佇むかわいらしい〈小屋〉。水田に水を引くポンプ小屋や物置小屋などの役割を担っている。基本的な形態や素材を共通としつつも、その場所や用途に応じてカスタマイズされ、面白い特徴をもった小屋が存在している。

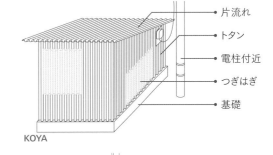

- 片流れ
- トタン
- 電柱付近
- つぎはぎ
- 基礎

KOYA

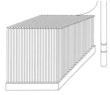

MIPPEI
入り口のない密閉された小屋

KO-KOKU
道路沿いに多い広告付きの小屋

SUBERIDAHI MADO
はね上げ窓が入口を担う小屋

HIKIDO
扉が引戸になっている小屋

BAI KARA-
単一色ではなくバイカラーの小屋

DEKKI
四方の壁がなくデッキの小屋

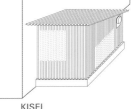

KISEI
母屋に寄生しているような小屋

提案① 光る小屋：街灯のない夜のまちを照らす

提案② 展示小屋：アート作品を点在させて農の風景を彩る

Comment

学生：小屋は何もない田んぼにニョキッと突然生えているようなイメージで、小さくて機能が集約されている。中にあるコンテンツを満たすためだけに存在している小空間のような感じ。

小川：小屋自体の空間的特徴もあれば、小屋が建っている環境の中での特徴もあると思う。環境の中での建ち方の違いによって、幾つかのキャラクターがあることがわかると、さらに面白くなったでしょう。

寺内：私も、小屋が建つ場所に応じて面白さが発揮されるように思う。ポンプ小屋は機械を入れているので、人間の入りこめない場所にあることが逆に使い方を誘発するとか、そのような説明ができると良かった。自立性のなさが小屋の特徴だと思うので、そうした点をもっと強調しても面白い。

鈴木：提案している小屋を使ったストーリーを聞いてみたいと思った。いくつかのタイプがうまく関連付けられていて、適切な場所に設置されたコラージュなどが表現としてあると良かった。

ポンプ小屋 groupB

〈ポンプ小屋〉
水路より水位の高い水田へ水を運ぶためのポンプを格納する小屋

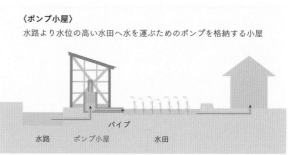

パイプ
水路　ポンプ小屋　　水田

ポンプ小屋は、木材、トタンの波板、コンクリートブロックなど、安価で誰でも簡単に交換できるマテリアルでつくられている。それらのマテリアルは、住宅地でも共通してみることができる。例えば、波板は住宅の塀や扉で使われ、水田の畦板としてベンチの背板や座面が代用されていたりする。水田の中のポンプ小屋と住宅地は、見えないマテリアル・ネットワークでつながっている。

ポンプ小屋のマテリアル　　　　　　　　　〈ポンプ小屋〉　　　　　　　　　〈住宅地〉

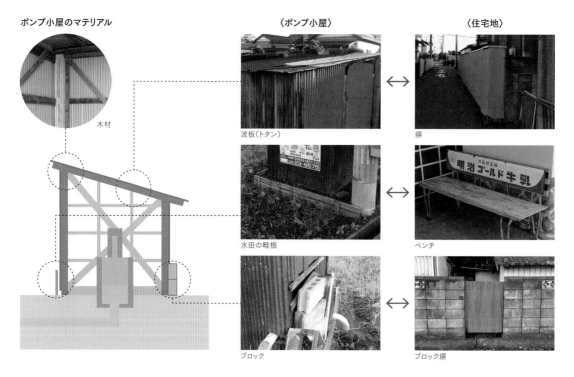

木材

波板（トタン）　　　↔　　　塀

水田の畦板　　　↔　　　ベンチ

ブロック　　　↔　　　ブロック塀

Comment

寺内：ポンプ小屋をどのように管理しているのか、住民に聞いてみても良かった。一軒がひとつのポンプ小屋をもっているとは限らないので。そのように検証していくと、田んぼの水に関する繋がりがあり、かつ建材が共通していることから、似たような人たちが建設しているということがわかったのではないかと思う。

学生：ポンプ小屋の近くにナンバリングがしてあって、一家に一台というよりはエリアで共同所有していると考えている。
鈴木：これらのポンプ小屋は地形に沿ってあるのかなと思う。ポンプアップして高い所に送っているわけなので、低い方から高い方へと並んで、地形の勾配に沿って水の番をする場所が続いているように見える。

線路沿いの風景 groupC

宮代町を横断する東武スカイツリーライン・伊勢崎線に沿って歩いてみることで見えてくる〈風景〉の移り変わり。

新しいゾーン

土地区画整理によって、新しく整備された区画に整然と建つ住宅地。線路を境界として田園と住宅の対比がみられる。

いびつゾーン

まっすぐな道とカーブしている線路との間に不整形の敷地が生じており、建物の向きや位置がバラバラになっている。

駅前ゾーン

東武動物公園の駅前付近は開発されておらず、間口の狭い店舗兼住宅が多く、町家風情の商店街が残っている。

けものみちゾーン

古い住宅と線路との間に畦道があるが、雑草が生い茂っていて通れなかったり、猫が佇んでいたりと、のんびりした印象が感じられる。

旧住宅地ゾーン

塀のそばにある花壇を住民が管理するなど、街路にまで領域を広げて私有地化しながら生活している様子がみられる。

農地ゾーン

農地が広がって視界が開けて、線路沿いに農道が続く。住宅はまばらにあり、その多くが立派な屋敷林を備えている。

水と緑のみち groupH

水（水路）との関わり方に着目することで、エリアごとに特色が見えてくる人びとの生活やアクティビティ。

住宅地域

人や車の通りがあるため、橋の幅が広くなっていたり、歩道が整備されていたりする。ふれあいロード側に開くように庭をもつ住宅もみられる。

混合地域

ふれあいロードに住宅地と農地が接している。雑草が茂る場所へ架かる、使われていなさそうな橋[1]や、使われている気配のない水路への階段[2]がみられる。

混合地域

農家の裏口につながる橋[3]、稲木代わりに使われている橋[4]、水路に降りられる階段[5]、ポンプ小屋へ脚立を架けた橋[6]などがみられる。人々が住む住宅地域よりも、農業地域の方が水路と関わるアクティビティが豊かである。

駅前通り groupD

東武動物公園駅西口から東武動物公園へアプローチするための〈駅前通り〉の商店街。
商店の中をのぞくと人影が多くみられるが、中の活動や人の動きが外へと発信されず、賑わいが感じられない。

駅前通り沿いの建物

化粧品店・美容院
入口が隅っこ・ちょこん

整骨院
入口が塞がれている・どんづまり

飲み屋さん
店以外の情報なし・さっぱり

〈駅前通り〉の建物は、道路に対して壁の
ようなファサードであるため閉鎖的である。
建物の背後には畑や駐車場が存在して
いる構成が多くみられ、裏に空間の余地
がつくられている。
そこで、空地を道路側に配置することで、
建物内の活動がにじみ出てくる余地とし
ての中間領域をつくることを提案する。

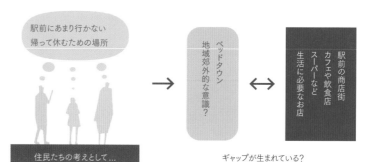

駅前にあまり行かない
帰って休むための場所

住民たちの考えとして...

ベッドタウン
地域郊外的な意識？

駅前の商店街
カフェや飲食店
スーパーなど
生活に必要なお店

ギャップが生まれている？

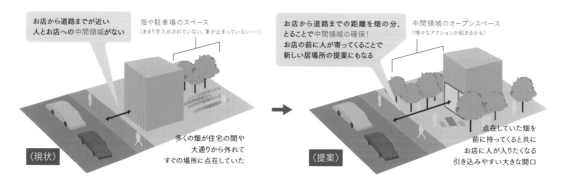

お店から道路までが近い
人とお店への中間領域がない

畑や駐車場のスペース
（あまり手入れされていない。車が止まっていない・・・）

多くの畑が住宅の間や
大通りから外れて
すぐの場所に点在していた

〈現状〉

お店から道路までの距離を畑の分、
とることで中間領域の確保！
お店の前に人が寄ってくることで
新しい居場所の提案にもなる

中間領域のオープンスペース
（様々なアクションが起きるかも）

点在していた畑を
前に持ってくると共に
お店に人が入りたくなる
引き込みやすい大きな開口

〈提案〉

Comment

学生：駅前に駐車場が多いことから、通勤に駅まで車を使う人
が多いと考えた。車中心でお店が建ち並ぶロードサイド型のま
ちというよりは、店が少なく車を停める場所だけが多い。
寺内：商店街も、駅前商店街とは言ってはいるが、もともとは
駅を利用する人で賑わっていたのでしょうか。
学生：付近の住民に伺うと、昔からこの状況で、店もあまりな

かったと聞いた。一方、県道沿いの方が明らかに店は多い。こ
の状況が20年くらい続いて今に至っている。
寺内：店を経営する方々には、商店街の意識はないのかもしれ
ない。奥さんが「ちょっと美容院をやろうかな」といった具合に、
住宅地の延長で駅までまちが繋がっているのかもしれない。

新旧住宅 × 境界 groupE

〈新旧住宅〉の比較を、境界に焦点をあてて観察し、ゾーンごとに異なる特徴を見出す。

 ひらくとじる

 たかいひくい

 ぼこぼこ

 のびのびひろびろ

 もりもり

 すまいかた

ひらくとじる

〈新住宅〉は前庭や駐車場があり開かれている[1]。道路を挟んだ〈旧住宅〉は全面が閉じられている[2]。

たかいひくい

平屋の〈旧住宅〉と高さのある〈新住宅〉が区画ごとにまとまったエリア。塀の高さにも新旧において高い低いの対比がみられる。

ぼこぼこ

地面の動きに特徴がみられるエリア。ガレージ上に盛られた土[3]、舗装されていない細道[4]、田んぼ越しの住宅[5]など、土がそのまま現れている。

のびのびひろびろ

広々とした敷地に建つ二世帯住宅や〈新住宅〉、立派な庭をもつ〈旧住宅〉などがみられる。

もりもり

一本道から住宅地に入ると、各住宅街の建物の高さや通路が類似しつつ、樹種や塀の材質・形状などによる住み手による差異がみられる。

すまいかた

片持ちの木の枝を生け垣に利用したり[6]、植栽による門[7]など、住民の手が加えられた構えがみられる。

Comment

小川：新旧の比較として、住宅地全体に視野を広げて、昭和40年代に開発された住宅地と、平成になってから開発された住宅地の違いを重ねてみても面白かったと思う。古くに開発された住宅地でも、部分的に新住宅へ建て替えられる場合がある。すると、住宅地としての性質も変わっていくと言えるのでは。また、「ひらく／とじる」という視点を示していたが、主に塀の話。最近できている住宅は、塀は少なくなっているが建物自体の窓は非常に小さくて、むしろ「閉じて」いるように感じる。もう少しいろいろな事物の関係によって「ひらく／とじる」といった空間的な特徴が見えてくると良い。

寺内：「すまいかた」の説明の中に、松が門型になるとか、庭木のことがあった。宮代など北関東には、庭木をどうするとか、どう見立ててやろうかといった住文化・植木文化が培われ、残っているのではないか。

つなぐもの・わけるもの groupF

〈水路〉と〈住宅地〉という異なる風景に着目して、〈つなぐもの〉と〈わけるもの〉という空間キャラクターを抽出することで、
人びとの暮らしや動きといった時間の流れを感じ取ることができる。それがまちの魅力・強みではないだろうか。

水路×つなぐ×面（木・小）

田んぼと道をつなぐ橋。人が通れるスケールで、四隅に手すりのような柱が立っている。

水路×つなぐ×面（木・中小）

板を渡しただけの橋。左側は耕運機の車輪に合わせて板の幅があけられているのかもしれない。

水路×つなぐ×線（パイプ）

工具などのモノを掛けたり、カエルなどの生き物が通るかもしれない。

水路×つなぐ×線（木・小）

田んぼへと渡るための最低限度の足がかり。だいぶ使い込んでいるが、まだ大丈夫。

水路×つなぐ×点（カゴ）

水路をまたぐように置かれたP箱が階段も兼ねて畑と道をつないでいる。

住宅地×つなぐ×面（段差）

パブリックな道とプライベートな道の間の段差をタイヤの幅でつないでいる。

住宅地×わける×面（石垣・樹木）

石垣と樹木が道路と私有地をわける。樹木の隙間からお互いの気配は感じられる。

住宅地×つなぐ×線（鳥居）

連続した鳥居は、スピリチュアルな領域とこちらの世界をつなげている。

住宅地×わける×線（街路樹）

街路樹がまちの雰囲気を壊さないまま、車と人の領域をしっかりとわけている。

Comment

学生：水路が境界を強めているけれど、そこに橋を架けることによって人々の生活に欠かせないものとなっているほか、宮代の田園に水を繋ぐことで生態系や人々の生活に強く関わっている。
吉村：「宮代町の人は繋ぎ上手」というような話だと思った。境界の繋ぎ方の工夫をもっとピックアップして、「宮代町の境界の性格」を追求していくと、「宮代らしさ」のようなものの発見や表現に繋がっていくだろう。

寺内：ビールケースをステップにして道から果樹園に上がっていくのは、たぶんどこでもやっている。でもそこに注目して見立てるという楽しさが、宮代町に住む楽しさに繋がっているのでは。他にも、水路に架ける2枚の板の隙間が、耕作機械の幅にぴったりだとわかったときに、初めてこの場所の面白さに気が付く。これは「繋ぎ上手」という説明によって、ようやくわかってくることだと思った。

自然と人工物 groupG

宮代町を散策していると、〈自然〉と〈人工物〉という全く異質なものが同じ写真に写り込む風景が印象的である。
自然と人工物のコントラストが効いた風景は、土地の特性や歴史、暮らし方を表し、このまち特有のコンテクストとして存在していた。
空間キャラクターを発見する過程から、日常における人と自然の小さな関わり方を学ぶことができた。

自然と人工物のコントラスト

ネギ海原に浮かぶ老人ホーム　　　　　自然と人工物の対比

まちの人の居場所

はしで一休み　　　　　ひっそり一休み

自然との共生

草刈りポイント　　　　　一時停止

まちに点在する果樹

角園　　　　　キウイアーチ

まちに残る竹林

荒廃した竹、バキッ(上)／竹林ドーム(下)

行き場のない竹

竹集会場(上)／竹避難所(下)

竹を利用してつくられたもの

竹のパーゴラ(上)／自竹バリケード(下)

Comment

小川：「ネギ畑に浮かぶ老人ホーム」を空間的に翻訳すると、例えば、「柔らかいものの上に硬いものが浮かんでいる」というように、言い換えることもできたのでは？〈空間キャラクター〉を考える際に、目に見えるものの名前や具体的なあり方を剥ぎ取ったところに現れる空間性のようなものを、もう少し考えるとよかっ

たのかもしれない。

若松：「自然と人工物のコントラスト」など、宮代っぽくて面白く感じた。何か特徴的なものの周りには、普通は家が建っているが、構築物が遠くからでもこんなによく見える場所は珍しい。

総評

石黒由紀：人の暮らしと農業の接点が、小屋や竹の使い方、住宅の室外機など、いろいろな切り口から見つけられたのがよかったと思います。前橋市も地形としては平らで、用水路が張り巡らされています。農業用水はみんなに均等に分配する必要があるので、自然の流れを人為的にコントロールするなど、共同組合の管理による見えないラインがあったりします。宮代の場合はポンプアップするという個別に融通がきくことがこの地域特有の小さなスケールに関係しているのかなと思いました。

片桐悠自：白地図にコラージュという技法で調査結果をまとめていくのは本当に面白く、この地図から楽しさが溢れ出ていると思います。地図に栗が置かれていたり、いろいろなベンチがあったり、写真やスケッチがたくさん貼ってあったりして、調査したみなさんの楽しさが伝わってくるし、見る人も楽しむことができます。「事物を断片的に捉えて、抽象的にまとめる」という方法は、僕もすごく大切なことであり、「小さなまちづくり」の気づきであるということを学びました。

安森亮雄：まちデザインゼミを4回続けてきましたが、ヴァナキュラー（地域的）なものや、アノニマス（匿名的）なものがフィールドにみられて、その空間と人の営みの関係を読み取ることは面白いことでした。特に今回は、小屋や橋など小さなスケールのものによって空間的な関係ができているのがとても魅力的でした。そのベースには農業があって、農業は野菜を作ると同時に道具も作るので、人間が関与できる範囲でものができていると思いました。関東近県においては、農地が都市化されていき空洞化の問題も生じるという共通のコンテクストがありますので、今後それらを繋いでいくような視点で考えていくと面白いと思いました。

若松 均：今回は「まちを見る中で自ら考える、結果ありきではないところで自分たちで何か面白いものを見つける」という方法が新鮮に感じました。建築を設計すると

きは、まず敷地周辺をよく見ることから始めますが、その際、私自身が都心で設計することが多いということもあるのでしょうが、割とありきたりな視点でしかものを見ていなかったな、と感じました。例えば、都市空間に生まれる変形敷地とか、何かと何かがぶつかるところなど、商品化住宅はまず建たないようなところに対して、今回のようなまちの見方は設計のきっかけになるかもしれません。

寺内美紀子：今回のテーマは「小さなまちづくり」ですが、そもそもまちづくりとは小さなことしか続かないのではないかと思いました。鉄道が引かれたり新しい産業が入ってきたりと、地域には大きな波もあるけれど、一方で何か続いている小さなものの存在感もあるように思いました。そういう「繋がってきている」ということ、少し長い歴史的な視点を、現代こそ持たないと設計はできないだろうなと強く感じました。リサーチでは小屋、水路、竹、橋、平らな風景など、ユニークな視点があって面白かったのですが、それらを俯瞰的に捉えると、ポンプ小屋があるから橋があるとか、平らなところだから竹林があるといった具合に、何か有機的な繋がりの中でまちができていることが明解なかたちでわかったことが大きな収穫でした。

岩岡竜夫：学生さんたちの発表では、ポンプ小屋の話やパッチワーク風の住宅地の捉え方など、なかなか良いところを突いているなと思いました。宮代町の基盤としては、やはり東武動物公園のもつ性格が強いですね。動物公園から漏れてくる音もすごいと思いました。普通のまちでは電車の音が聞こえるものですが、ここではお客さんの歓声やアナウンス、ローラーコースターの走行音など、いろいろな音が聞こえてくる。これはサウンドスケープ的にも面白いと思いました。

鈴木 明：宮代を特徴付ける事柄としては、第1に近代以前から存在する農業によるある種のコミュニティ、第2に

19世紀後半から20世紀にかけて東武鉄道が通ったこと、そして第3に沼あるいは田んぼだった場所に東武動物公園をつくりあげたことが挙げられると思います。さらに大学があって、それら文化の輪のようなものが互いに関連し合ってきたのではないかと思います。そして、その最初の布石が、進修館と笠原小学校ですね。象設計集団は、何にもない頃に土地のパワーみたいなもの、あるいはよく見えにくいランドスケープを強調し具現化したものとしてこれらの建築をつくったのではないでしょうか。

吉村英孝：普段から半分宮代町で生活をしているので、それなりに知っている気になっていたのですが、今日みなさんの発表を聞いて、見えてなかったことがあるし、違う見方もあるんだなぁ、と気が付くことができました。宮代町は「農のあるまち」ということを提唱していて、農と住宅地のセットで考えがちなところがあったのですが、そこに動物がいたりとか、用水や電気というインフラがあったりとか、長大なものが通過していたり…。農と住の二つによる捉え方があまり良くないのではないか、と思えたのが収穫でした。さらに今後もうひとつ違うものが入って、三つ巴くらいで考えていけるまちなのではないか、とも思いました。

勝木祐仁：みなさんの発表を聞いて、すごく小さなものから大きなものまで農に関わる物的な存在がたくさん出てきて、それらがここでの生活環境をつくっていることを再確認できたことが収穫でした。例えば、段差に置かれているビールケースに、段を上る／下りるといった人の所作を思い浮かべることができました。こうした日々の営みが環境をつくっていて、その環境の中で人が生き

ているという、互いにケアされる関係が見えてきてとても魅力的でした。フィールドワークで40名の眼差しが注がれたことも、まちに対するある種のケアであり、目をかけるという尊い作業が行われたと言えます。

足立 真：実際に歩いてみると、関東平野の真ん中の平らなまちであることを実感したのではないかと思います。でもよく見てみると、水路と田んぼにちょっとした高低差があってポンプ小屋があったり、水路に降りていけるようになっていたり、人々の営みによってちょっとした地形に対応したいろいろなことが起きていました。そういった〈自然〉と〈人工〉がわかりにくく混在している状態を、図式的に捉えるのではなく、環境や風景の特徴として捉えて面白さを共感できることが興味深かったです。

小川次郎：今どこでも「まちづくり」の掛け声の下に建築家が呼び出されて、「賑やかにしてください」とか「観光客を呼んでください」と言われていますが、私自身はしばらく前から「何かもう嫌だなあ」と思い始めています。「もっとちゃんとまちを見ることから始めなければダメなんじゃないですか？」と。つまり、即効性のある解答をポンと出すことを求めるのではなくて、「今まで本当にしっかりとまちを見てきたか？　地域の人びとにとってこのまちはどういう存在なのか考えてきたか？」ということを、真剣に振り返ってみる必要があると思っていました。そういう意味では、今回のワークショップは「小さなまちづくり」というより「小さなまち見つめ」という感じで、とても楽しかったです。

まちデザイン
構成だけでは語れないこと

モデレーター：足立真／メンバー：石黒由紀、岩岡竜男、小川次郎

北関東というフィールド

足立：ここでは、これまで「まちデザインゼミ」を行ってきた地域について振り返ってみたいと思います。この合同ゼミを立ち上げようとしたときに、坂本一成研究室出身の人たちがいろいろな大学で教えていて、その大学のキャンパスがたまたま北関東という地域で一致していていました。寺内さんのいらっしゃる信州大学は、正確には北関東ではありませんが、なんとなく「北関東」ということが対象とするまちの括りとして、我々の中でキーワードとして使われてきました。

小川：私にとっては「北関東」という概念自体が新鮮でした。日本工業大学に着任して、初めて北関東という地理的な区分があることを知りました。ただ、未だに茨城、栃木、群馬のまちを正確に把握できていません。まちの場所をじっくり考えて、「確か県境よりこっちだったよな……」という程度です。また、栃木・群馬は東武鉄道が網羅しています。同じ電鉄でつながっている。そういう経緯があって、関東の北にはフラットに広がっている領域があることを実感として知りました。

岩岡：近年、「地方創生」や「東京と地方」などとよく言われていますが、その場合の地方は一山越えたところだとか、海だとか自然が豊かなところを想像します。一方、北関東はどういうところなのか。地方なのか、首都圏なのか。結構曖昧な点があるのではないかと思ったのですよね。そういったときに、まちデザインが簡単にはいかないのではないか。逆にそこが面白いのではないかと思いました。北関東といわれる一種象徴的な部分があり、まちデザインゼミを何回か続けていくうちに、そういった北関東特有のものが見えてくるのではないかという気がしたのです。

ただし、信州や前橋など関東平野のへりに位置するところも
あって、宇都宮の大谷石もそうかもしれないけれど、そこは割
と地方色が豊かで、地域の素材などがある。理科大が位置する
野田は地形で見ると関東の真ん中なので、地形が変わる部分は
ないけれど、逆にいえば、もう少し人工的な自然が出てくる。そ
ういう違いがあるのではないかということが、何回かのまちデ
ザインゼミを通して発見できた気がしました。

石黒：利根川が関係している場所が多い、という意見もありま
した。

岩岡：野田は河川が二つ重なっているところがあります。千葉
の方に流れる利根川と、それから東京湾に進む江戸川。その二
つがかなり近づいてくるところなのですよね。この北側に行く
と一緒になって利根川になりますが、利根川も人工河川で、も
ともとは今の形ではなく、東京湾に流れていたものを治水のた
め移設しています。水運の問題としては、太平洋のほうから東
京に行くときに、千葉県の南を回るよりは川を上った方が近い
のですよね。そこで、もっと近くにしようということで、利根
運河ができたわけです。そのショートカットされた水運がすご
く発達して、まちや工場ができた。
　そのような河川があるところは平らではなく、微妙に斜面な
のです。そう考えると、もともと平らなところはないのではな
いでしょうか。平らなところはほとんど人工的で、普通は斜め
になっていて、それに気が付かない。そういう地面の高低差は、
建築をつくるときも非常に重要なのだけれど、まちづくりにお
いても重要。地面の問題と地質の問題もあるかもしれないけれ
ど、建築以前の姿にも結構関わってくるのかなということで、そ
の辺が面白いと思ったのですよね。

足立：確かに、宮代は関東平野の真ん中にありますが、よく見
ていくと、道と農地や宅地との間にちょっとした段差があった
りして、水路から田んぼに水を汲み上げるポンプ小屋がたくさ
んあります。あるいは、富士山信仰のための富士塚が、今も住
宅地の中にぽこっと存在していたりする。地形に対して手を入
れる、人の生活の中での昔からのアプローチが残っていました。

石黒：水資源のあり方にも、地域ごとの産業などに合わせたバ

宮代町の住宅地にある富士塚。富士山に登
拝できない人のために土を盛り上げて築いた
高さ5m程の塚で、山頂には富士浅間大神の
石碑がある。現在の塚は1974（昭和49）年
築造。富士の人穴を母の胎内になぞらえた子
育て信仰があり、毎年7月1日は初山と称して
子どもたちの成長を祈るため、生まれたばかり
の子どもを連れてお参りをする。

リエーションが多く見られますね。前橋の萩原朔太郎ゆかりの
広瀬川も、養蚕や農業用に利根川から人工的に引かれた河川で、
支流には用水路が多数あります。何々川と呼ばれていますが、な
るべく長い距離を流すために勾配が調整されているところが人
工的です。地形とのレベル差が不思議なところを流れていたり、
元の利根川に戻されたりといった具合に、自然と人工の中間的
な論理でできているのが興味深いですね。利根川の歴史に詳し
い方によると、二万年余の暴れ川としての流路の変遷のなかで、
古代の河川が榛名、赤城、利根吾妻などの水系として地表で交
差や合流していたものが、現在でも地下の伏流水として立体的
に流れている可能性があるらしいのです。

前橋市を流れる広瀬川

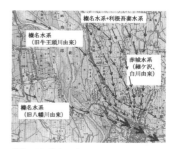

明治18年測定迅速図における古代利根川
への推定流入路
出典：小野久米夫『前橋と古利根川（上巻）
－先史利根川と古利根川－（前橋学ブック
レット20）』上毛新聞社, 2019年

自分たちの手で環境をつくる文化

足立：先ほど岩岡さんが、実はもともと平らなところはなく、平
らなところは人工的につくられたところではないかと言われま
したが、手が加わっていない自然もないのではないでしょうか。
我々は河川や田園風景の水や緑をざっくりと自然として捉える
けれど、実はかなり手が加わってつくられたものです。ですの
で、地としてあるフィールドに手を加えること自体がかなり建
築的な行為になります。鈴木明さんが「ル・コルビュジェは戦
時中、農業をやっていた」と、農業と建築の関わりについて言
及されていまましたが、農業自体も建築と同じで、土をいじる
ところから始めます。少し強引かもしれませんが、そういう植

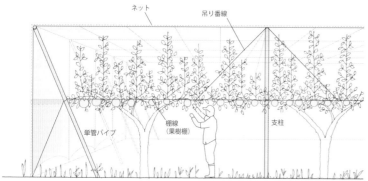

▲ 梨の栽培を行う梨棚。棚線（針金やワイヤー）で作った果樹棚に枝を一本一本結び、人の頭の高さくらいに誘引してバランスよく梨の樹を整える。陽の光を均一に浴びて育つ
ことで果実の大きさや品質が揃えやすく、手が届く高さのため受粉や収穫などの作業も効率的に行なえる。また、棚で枝を支えることにより、収穫時期に頻発する台風で枝が揺
れて果実が落下するのを防ぐ効果もある。

物の生育環境をつくっていく、生命が育つための場所、土をいじるところから始めることも、かなり建築的な行為かと思います。そのような点に建築性を見いだしながら、まちや環境をつくっていくアプローチが面白いと思っています。

　例えば大学の周りに梨園があるのですが、格好が良くて好きなのです。単管パイプと針金やワイヤーをうまく組んで、メッシュを張った二層のつくりになっています。下の層は人が歩いて梨を採るための、人の空間です。だから農家の人の身長に合わせてつくってある。上は梨の枝葉が伸びる空間で、鳥除けのためにネットで四角く囲んでいる。そのようなものも含めて農業の空間のつくり方や、環境のつくり方が建築的で面白いです。

小川：以前の座談会で話題に上った、宮代の「ほっつけ」（p.87）もその一例かもしれません。これも人工的な、建築的な土地のいじり方ですよね。

足立：それ以外にも、川や段差を超えるためのトラクターの車輪の幅の橋をつくってみたり、トタンみたいな簡単な材料でポンプ小屋をつくったり、同じ材料で家のちょっとした増築や改修が行われていることも、まちデザインゼミのなかで学生たちが発見していました。生活や生業の中で、自分たちの環境をつくる文化のようなものが培われているところなのだと思います。

トラクターや農機具にあわせて簡易的にかけられた橋

素材・加工・消費の連環

足立：一方で、山間部に入り込んだ宇都宮などは、山で切り出したものを加工して、まちで使うという産業がある。昔、新入生のキャンプで栃木県の鹿沼というまちを訪れ、林業の山から材木市場、製材所、そして木材が使われている建物を見て回りました。郷土資料展示室にはその木材でできた立派な彫刻屋台や組子が展示されていましたが、そのような一連の生活、産業を基にした生活文化が垣間見られました。そういう山間部、山と平野が共存して境目になるような地域では、そこの産地と加工と消費が近い位置で連環しています。

岩岡：ウッドショックをはじめコロナでいろいろな素材がない。そういう状況下では値段が高騰しますが、それで気が付いたの

鹿沼の彫刻屋台（文化活動交流館）

は、やはり資材がどこから来て、どういう流通経路で来るのか、そういうことを改めて実感するということでした。海外から資材が来て、製材されて、現場に来る。それが日常ですが、1回途切れると資材が枯渇して困ってしまう。もしそういうものを地場というか、山を持っている人が工務店をやればどうなるかという話があります。

石黒：群馬の山間部、中之条町の木材組合の方に、ウッドショックの影響を聞いたことがありますが、品薄で高騰しているのは合板とか集成材などの輸入材が主で、地元の木材はこれまで同様に流通し、もともと工業化による安価な供給を目指したものではないので、むしろ選択肢として浮上してきているということでした。第一次産業が見直される時期に入るのだろうと思いました。

　また、広瀬川沿岸で現在手がけている空き家改修の三和土の床の素材として、対岸の再開発で出た土を役所の人に交渉して譲ってもらったのですが、数十メートル離れただけで微妙に粘土の質が違うのです。実際に左官職人さんと掘り起こされている土を歩いて見て、床に適したものを選んだのですが、敷地周辺の土が建材になることで、まさに「建築が地域に根づいた」という感覚を持ちました。また、色が黒っぽかったのですが、「これ関東ローム層だから」と教えていただき、私の地元の東京の多摩丘陵の関東ローム層は赤褐色なので、富士山系と浅間山系の地域差も目の当たりにしました。

足立：北関東といっても土も違うし、少しずつ気候も違う。農業も何を育てるのが適しているかの違いがあったりします。山の方では石が切り出せるところもあります。それぞれの特色がありつつも、その場所で完結しているわけではなく、他の地域とのつながりがあります。北関東も東京とのつながりもあります。野田の利根運河は、江戸に荷物を運ぶための運河でした。

岩岡：しょうゆの原料の大豆は茨城のほうからです。それがちょうど野田の辺りで集結して。そこで醤油を造って江戸に運んだ。

足立：野田で原材料が採れるのではなくて、野田に集まりやすいからという理由で産業が発展したのですね。北関東には地方都市的なまちが、ちょうどよい距離感で点在していて、水運や

街道でつながっています。

石黒：群馬の生糸は利根川の水運利用から、高崎線、両毛線、八高線の開通により順次鉄道で運ばれるようになり、織物の八王子や、港のある横浜などともつながりました。

岩岡：野田も、野田線（現アーバンパークライン）という東武鉄道が走り出して、運河が要らなくなったという。鉄道に入れ替わって、運河は無用の長物のようになったけれど、そこが公園化していったという歴史があるのですよね。

石黒：江戸や東京への供給の話ですと群馬は、新商品開発のモニター、という位置づけもあるようです。前橋の八百屋で、「バナップル」という名前のパイナップルの香りがするバナナを見かけて、「なんだこれ見たことがないな」と思っていたら、3カ月後くらいに東京で3倍くらいの値段で売られていました。もっと田舎の自然に近い素朴な農業とは異なる、大消費地の「へり」における付加価値や流通も含めた、ある種のゆとりがある農産業のあり方だと思いました。

▲ 野田市の利根運河水辺公園

若者やＵターン組がまちを変える

岩岡：最近のまちの様子を見ると、住宅地の中にカフェや飲み屋などいろいろできています。そこが地域の人たちの集会所のように使われています。もちろん、経営している人も住民です。隠れ家的なカフェやレストランがぽつぽつとできて、面白いなと思っていますね。

石黒：カフェやパン屋さんの起業は、移住の大きなきっかけにもなるようです。人と接することが好きで、コーヒーやパンに興味がある人が、自分の空間イメージをもって空き家などを安価に獲得して起業する、というケースが増えていますね。

岩岡：大学との関係でいうと、前橋には学生がいるわけじゃないですか。そういう学生たちが当然アルバイトをしているわけですよね。あるいはその人たちが東京に出て、また戻ってくるとか、そういうこともある。最近、松本に何度も通っていますが、そこに行くと、若者のほとんどが信州大学の学生なのですよね。まちが学生で回っている。それともうひとつは、新しいおしゃれなお店があるわけですよ。誰がやっているのかなと思ったら、ひとつは地元から一旦出て戻ってきたＵターン組です。Ｕターン組が自分たちのアイデアでやっている。そういうのを見ると、まちの活性化は、若い人が戻ってきて、あるいは移住してきた人たちが何かを起こして、まちの雰囲気を変えるのではないかなと思います。

足立：さまざまな職種で跡取り問題がありますが、地方の産業で、何代目なのか跡取りが戻ってきて、どうせ継ぐのであればということで、新しい、産業自体も発展させるような面白い試みをしています。それと同時に、地元に定着するという覚悟なのか、地元を楽しくしよう、盛り上げようとする展開をしている事例がいくつかあります。若い人向けのブランドを地元のクリエイターたちと立ち上げてショップをつくったり、酒蔵であれば麹でつくったいろいろな食品を扱ったカフェをつくって、そこで人のつながりをつくるイベントを行ったり。若い人たちの地元への「どうせやるならば意識」が見られる。
　また、最近よくリモートワークとか、二拠点居住とか言われ

ますが、それによっても地方に住む人たちの層が変わってくるのでしょうか。通勤時間がないとか、あとは兼業が認められるようになって兼業サラリーマンみたいな人が地方に住みながら、趣味半分で何か楽しいことに取り組む。そういう人たちとつながって、まちおこし的な気運ができたりします。

　そのような活動がまちをつくっていく。大学もある意味、非営利的というか、何かの利益を得るために活動しているのではないので、そういう人たちとの親和性が高く、話がしやすいようなところもあったりしますよね。

岩岡：建築の設計をしているデザイナーたちも、かなり地方の人が多いですよね。前橋や高崎にいっぱいいるのではないかと思う。

石黒：ここ数年で目に見えて増えてきていますね。実際、手頃なリノベや新築の需要があり、しかも、施工側も都心部と違ってスピーディーです。最近では東京だと見積り依頼をしても、「何カ月後に」と言われてしまうところ、前橋だと「ちょっと遅れて、4日後になっちゃう、ごめん！」みたいな感じです。前橋工科大の教え子が、ぼちぼち独立してきていますが、地元は違えど、学生時代にまちづくり活動で人脈のできた前橋のほうが仕事がありそうだということで、前橋に戻ってくる人も少なくありません。石黒研究室で現在進行中の空き家改修は、OBと協働で進めていますが、設計だけではなくセルフビルドによるコストコントロールのスキルもあるので、ユーザーと共有する低予算でのデザインや、新築ではありえないチャレンジングなコンセプトが実現できています。これまでになかったチーム体

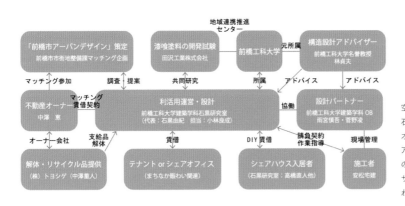

空き家改修の事業体制
石黒研究室を中心として、OBや現役ゼミ生、オーナー、市内の施工業者（専門部分）、構造アドバイス（前橋工科大の名誉教授）、新塗料の開発（前橋工科大での公募共同研究）、リサイクル（オーナー）など、様々な関係者が関わった。

制によるリノベーションデザインの時代を感じます。

　先ほどの跡取りの例では、東京から前橋に戻ってきたせんべい屋のご子息が同世代の建築家とコラボして、店舗空間から運営、パッケージデザインまでトータルにつくり話題になりました。ユーザーとデザイナーが「低予算でも一緒に楽しく何かつくろう」というモチベーションを共有し、信頼関係を築いて実現していく動きがありますね。

足立：跡取りは、土地や建物、設備、職人、技術、販路などに関してスタートがゼロではないというアドバンテージがある。地元に根差した仕事だと、ある意味、地域資源とも言えるので、それに気がついて有効に使えると、面白いことができるのだと思います。

岩岡：あとは、東京からやっぱり近いからね。行ったり来たりもできるし。

[1] ハウジング・プロジェクト・トウキョウ
都市環境構成研究会（奥山信一・岩岡竜夫・塚本由晴・小川次郎・足立真・寺内美紀子）著、序文：坂本一成（東海大学出版会、1998年）
東京の中心を「住宅でできた都市」とすることを仮説として、都市環境と建築（集合住宅）との構成関係について論じ、プロジェクトへ展開したもの。都市に住む価値とともに、集合住宅という建築ヴォリュームの存在が都市のなかで担う役割に着目し、既存の環境に集合住宅を挿入することで都市空間を再編する手法を提案している。

自分たちでまちをつくるという感覚

足立：まちデザインゼミでは「まち」ですが、少し前までは「都市」という言葉をよく使いました。まちデザインゼミのメンバーは、かつて一緒に『ハウジング・プロジェクト・トウキョウ』（1998年）[1] という本をつくった人が多いですが、都市に人が住むことに関して、ある一定の密度があるものに対する構想を考えることが建築の仕事というような時代がありました。私自身は集合住宅の構成の研究に取り組んでいましたが、集合という形式の中の部分と全体の関係が面白く、集合住宅は建築家の構想力が及ぶ範囲でつくられるひとつの都市のミニチュアのようなものだと認識していました。一方で、まちデザインゼミでまちを歩くと、まち自体が集合だとか集約という形式でできてないので、今まで都市でやってきた集合論とは異なる、隣り合うものとの関係ではない、構成的な考え方があると感じます。

　ポイントで何かつくることによって、まちを変えていくという。でも、そのポイント自体が公共施設のようなハコモノ的な規模ではない。もう少し小さなもので変わっていく。生活が変わっていく実感が持てるというのは、地域の問題なのかなと思ったりします。

岩岡：『ハウジング・プロジェクト・トウキョウ』は懐かしいですね。今思うとそのときは東京の中心部、都心にもいろいろなものが存在していて、まちが人工的にできているわけだけれど、それをうまく使いつつ、それとの関係をつくりながら住宅をつくっていくというような感覚でした。だから東京という人工自然、人工地形のような考え方で、それをどういうふうにうまく利用できるか。そういうプロジェクトだったのかなと思っています。そういう意味では、地方に行っても山あり谷あり川ありで、それらをどのように関係付けて、まちをつくれるかということに、もしかしたら関係してくるのかなと。

足立：当時、パリと比較したりしながら、人がそこに生活していることが、まちや都市の魅力をつくり出すと考えて、東京の都心のプロジェクトを提案しました。それからだいぶ経った東京の現状を見ても、人が住んでいるまちとしての魅力は、この都市の密度の中で誰がどうつくっていけば良いのか、見えてきません。でも、地方に行くと、密度は全然違うけれども、まさに人が住んでいるまちがそこにある。生活がそこにあることが、まちの基盤になっている。

岩岡：東京も住むまちにだんだんなってきていると僕は思っている。ただ形が、ほとんどタワーマンションみたいなもので。工夫がなされなくて、ただつくっているだけみたいな。

石黒：ユーザー側も、既視感のあるものを安心できるものとして求めるところがあるのでしょうね。私の出身地の多摩ニュータウンは、田畑や山が住宅地近傍にあり関東近県の地方都市に近い密度感ですが、行政との距離感やコミュニティの希薄さが東京的です。前橋は行政が近くてコンパクト。住むことに対しても、誰がどこに住んで、ゴミをどう出しているのか全部見られているような圧力を感じる一方、私のまちだ、という意識も高い。居場所や住む場所を自分で獲得できる感覚が確かで、既製品や標準の縛りから自由な感じがします。

足立：東京は権力と経済が集中しているので、住んでいるほうからすると、見えないところでさまざまな意思決定がされているような感じです。だからそこに住むということで、物理的に

は関わっているけれども、それ以上の関わりがなかなかできない。まさに何かを変えていく主体に、自分がなりにくいことはあるかもしれないです。

石黒：地方都市だと、自分のアクションがまちのデザインに直結し、「自分（たち）のまち」としてハンドリングできる感覚を持てるのでしょう。

構成形式だけでまちを語ることの限界

岩岡：ちなみに『ハウジング・プロジェクト・トウキョウ』はまちデザインだったのか、あるいは集合住宅論でしかないのか？

小川：出版されたのが23年も前で、だいぶ関心が違うのではないでしょうか。この本は、まずもって建築の構成形式に関するものですよね。構成形式以外の方法は基本的に排除している。そういう意味ではかなり徹底していますが、逆に言えばそこに少し分かり難さもある。

岩岡：もちろんドライな構成の話ではあるけれど、われわれのまちデザインにも、ある意味そういうところがある。

小川：そこをベースにしている部分はあると思いますが、構成形式だけで建築を語ることに対する息苦しさのようなものが、まちデザインを始めた当初からあったと思います。第 1 回のまちゼミを宇都宮で行ったことは象徴的で、大谷石という具体的なマテリアルがまちと結び付けられて存在している。例えば、『ハウジング・プロジェクト・トウキョウ』で構成形式に注目して建築を考えているときは、マテリアルは登場しないわけですよ。それを使わなくても語ることのできる建築的な概念について語ろう、という視点でやっている。

　それからもうひとつ、やはりアクティビティ、つまり人間の活動の話もほとんど出てこない、あるいはきわめて抽象化されている。建築における形式の意義を語りつつ、それぞれの敷地で実際にプロジェクト化している。その点がこの種の都市空間の研究の中で新鮮だったと思います。都市の高密かつ人工的な環境の中で建築を考えるときは、モノ同士の距離が近いから、そ

[2]環境ユニット

都市環境要素 / 構成関係	オープンスペース (敷地所有は集合住宅に属する)	施設としての公園,運河,鉄道 (敷地所有は集合住宅に属さない)	重交通 高速道路,鉄道	軽交通 一般道,歩道	公共施設,商業施設 劇場,ショッピングセンター,学校など	既存建築物,構築物 湾岸施設,鉄道高架,ガスタンクなど
包含						
被包含						
貫入 (直交)						
被貫入						
隣接 (平行)						
(混在)						
重層						

都市環境要素と集合住宅の構成関係　（『ハウジング・プロジェクト・トウキョウ』より）
都市空間における集合住宅の働きは、その外形をなすヴォリュームと特定の環境要素との構成関係によってとらえることができる。そして、この構成関係によるまとまりを「環境ユニット」とよぶことにすると、環境ユニットは都市を構成する単位となり、集合住宅は環境ユニットの部分として、相対的に定義されるものになる。

の関係を考え、操作するだけでかなり面白い視点が提示できた。

足立：建築と環境要素とが構成関係をもつことでセットとして捉えられる「環境ユニット [2]」という考え方を提示しました。集合住宅だからといって、集まって住むことの意味やコミュニティについて論じるのではなく、文化施設や都市公園などとの隣接性が住居にとっての価値になり、それが都市の面白さだという考えでした。それは今の都市においても変わらないことではあると思います。

小川：しかし、都市的な環境ではないところで、モノとモノとの距離がすごく離れて、それぞれが相対的に点みたいに小さくなっていったときに、もう構成関係だけでは語れないわけですよ。
　それからもうひとつ、『ハウジング・プロジェクト・トウキョウ』では時間も排除していますよね。歴史性や、それによって積み重なってきた場のあり方や意味とかということも排除している。地方でものを考え出すと、もはや構成だけでできることは限られていて、もう少し文脈を広げて豊富化していかないと、あまり面白い視点は提示できないということもあると思うのです。自分たちの所属する地域が構成という概念だけでは語れないとなったときに、何か新しい方法やきっかけを求めて、まち

デザインというやり方を始めた点もあるような気がしました。

　改めてまちデザインゼミを行ってきた場所を振り返ると、宇都宮はそこから先は山が続くところだし、信州も前橋もそう。前橋や小布施の回では中心的な話題にはならなかったけれど、木の話が可能性のある切り口として出てきてもおかしくない。都市と、実際に木材が採れるようなワイルドな場所との接点になるところに、材料などの切り口があるような気がしました。

岩岡：なるほど。地域資源ということを何人かで話した。それは素材でもあるし、人材かもしれないし、いろいろあると思うのだけれど、その地理や地形も地域資源かもしれないですよね。マテリアルという問題以上に、資源的な考え方をすると、建築だけではなくて、山があるとか、川があるとか、谷があるとかというのをどういうふうに関係付けて、まちデザインできるかというのが僕は面白く重要な部分ではないかと思う。

　そういう意味では、東京だと建築そのものが、あるいは都市そのものがひとつの資源と言える。オフィスがいっぱい建っているとか、人工の森があるとか、そういうものを資源だと考えれば、そういうものに対してどうするかアプローチも、東京だとあるのではないかな。

来訪者の視点でまちの価値を発見する

足立：われわれが地方で見てきたような考え方を、逆に今度、東京のようなところの都市計画や建築の設計の考え方に持ってくることはできるでしょうか。

小川：どうだろうね。やはり東京は圧倒的に情報量が多い。だから極端に言えば、何らかの設定に基づいて構成関係を操作するだけでモノがつくれてしまう。情報をさらに大量に投じていくと、もはや何をやろうとしているのか分からなくなる。

岩岡：東京ですら、構成だけではもう難しいのではないかな。

小川：今、東京で発表される住宅が少なくなりましたね。ひとつはもう土地が高すぎて、新たには積極的に建て難いということがある。ある程度お金のある人はマンションを買ってしまう。

それなりに自由に暮らしたいと思えば、地方に行かざるを得ないところもある。そういう中で、地方はいろいろな意味で条件が比較的緩やかであるから、いろいろな視点や切り口が提示できるし、それに応じて建築の表現も多様になる。だからいま建築家たちは、地方に建つ戸建住宅に、そういう表現の可能性を見いだそうとしているのだと思う。ある時期まで都心の狭小住宅がものすごく流行っていたけれど、もういささか限界がある。それに代わるどのような建築的な表現の可能性があるかとなったときに、いろいろな社会的状況と相まって、東京から離れた地域にステージが移ったということもあるのかな、という気がしますね。

足立：構成と言っているのは空間構成ですが、空間だけでもいろいろなものと関係がつくれるのが都市空間の面白さ。でも、先ほど話にあがった、どういう意思決定で何が起きているのか分からないみたいな、空間以外の関係が見えにくいという点もありますよね。地方に行くと、空間の構成関係は希薄になるかもしれないけれど、人の関係であるとか、資源がどのように流通しているとか、産地との消費地の関係であるとか、そのような関係が見えてくる。

小川：今、熊本で比較的大きな木造の建物に取り組んでいますが、たまたま施主がこだわりのある方で、「全部小国町の木を使いたい」と言っています。小国はもう何百年も続く林業のまちです。当然、木材の材質が良くて、スギのヤング係数は良いものだと90とか110とか、ちょっと信じられないような数字が出ます。含水率も低くて。
　実はそこの森林組合が独自の価値観をもっていて、ずっと小さな組織として、品質を確保しつつコストの点でも妥協せずにやってきたので、地域では若干浮いた存在だったようです。これまでであればなかなか売れなかったけれど、現在のウッドショックの状況になると、逆に一定の価格で安定的に供給できるという信頼感を生み出しているのですね。彼らはずっとそういうやり方をしているから、こういう状況でも値上げせず、同じ値段で卸します、と。安価な材料をグローバルに仕入れて大量に供給することが良しとされていた建設業界で、その状況が変わったことで、全く逆の評価がなされているということですよね。だから、地域で採れる良いものを適切な価格で持続的に

熊本における小国産の木材を使用したプロジェクト『エバーフィールド木材加工場』(設計：小川次郎/アトリエ・シムサ + kaa)。『くまもとアートポリス・プロジェクト』の一環として、公募プロポーザルを経て設計者が選定された(2021年)。県産の小中径材のみを用いたスパン20m以上の大空間建築が構想された。「レシプロカル（相持ち）構造」と呼ばれる特殊な構造形式、伝統的な職人技術とプレカットの融合による施工方法等を用いた、新しい時代の木造建築が期待されている。

使用し続ける、そういう価値観が定着していくことに、期待できると思います。

　あと、昔から林業では、この山はいい木が採れるから柱に使ってほしいとか、ここは曲がる木ばかりだから梁に使ってほしいとか、木の質に応じて使われ方が違っていたそうです。でも今は、いい木を育てても、結局、集成材の原木として均質に扱われてしまうから、林業関係者のやる気がなくなってしまうらしい。そういう点も、これからは少し変わってくるのではという気がします。

足立：そのように、状況が変えることもあるし、地域に昔からあるものを発見したり、新しいものをつくり出したりして価値を生み出し伝えていく。そのような仕事がまさにデザインだと思いますね。

小川：見方を変えることで新しい価値を見いだす。それはこのまちデザインゼミの役割のひとつでもある気がします。潜在化して、日常化している、当たり前の価値や風景に対して、地域に他者が入っていくことで、もう一度新鮮な目で見返してデザインに還元していく。そういうことの可能性を感じて、自分はこの集まりに参加しているのではないかなという気がします。

足立：宮代町の回でも、どのような視点でまちを見るかを重視して、「空間×キャラクター」というような視点を提示しました。そこだけで新しい可能性を予感させる、いろいろな議論ができるのはとてもよい機会でした。

岩岡：自分の学校の周辺を、改めて見つめ直すという視点もあるし、我々が他者の目で行って、どういうふうに感じるかというのも大事かもしれない。今後もそうやって、違う地域を回ってみたい気もします。やはり場所によってひとつひとつ違うということですよね、北関東と一括りに言っても。

賑わい方の新たなモデルを

小川：定住と観光の関係も、やはりまちによってだいぶ違う。住んでいる人と訪れる人の関係の問題とも言えますが、どこにバ

ランスを置くかということが、地域の運営、経営にとってとても重要になってくる。観光という言い方が適切かどうか分からないけれど、外から入ってくる人をどう受け入れるかという、そのスタンスですね。要するに、人びとの交通をまちがどのように受け入れるのかということです。

足立：いわゆる「まちおこし」は観光産業的な賑わいや活性化を前提にしている。住んでいる人がいなければ、観光客を呼び寄せて人を増やし、賑わいをつくろうというようなことですよね。企画とともに、建築をつくることやそのデザインの目的もそこに向けられます。

小川：だから小布施は、ある意味覚悟を決めてそちらにかじを切ったわけですよね。ただし、多くの場合それだけでは一瞬の盛り上がりはできるけれど廃れるものも見えてくる。そういう意味で、定住というもののもつ持続性が重要になってくる。
　あとは人をどう入れ替えていくかですね。宮代の大学の近くの住宅地は、大学ができたときにつくられているから、もう50年くらい経つわけです。そうすると、同じ世代の人が、みんな一緒に年をとっていく。子どもたちはやがて巣立っていく。残された方々はみなお年を召されているから、家の中にいてあまり外を出歩かないのですね。住宅地は成立しているけれど、人が見えない。そことは別の場所に、また新たに住宅地ができていく。でも両者の交流はない、ということが起きる。まち全体として見るとどうなのだろうか。

岩岡：ニュータウンの団地などはうまくやっているところもあるよね。入れ替わりで新しい人を入れたりして。公団の住宅とか、安くて若い人が入りやすくというので。

小川：宮代町くらいだと、子どもの世代が親の家をもらって住むかというとそこは微妙で、より都心に近いところに賃貸で住むという選択になりがちだと思います

石黒：前橋だと、そのような空き家を、市のアーバンデザインの担当者がオーナーへのマッチングの機会をつくることで、学生主体で改修、活用するという提案が受入れられた例があります。血縁がない人でも、行政が間に入ることで空き家を引継いで利活用

できる流れができ、移住促進にもつながっています。

岩岡：そういうのはすごく理想的だと思うのだけれど、他人が入っていくのは、結構大変なことだと思う。空き家になっても、そのままにして手放さない人いるからね。空き家問題はそこがネックじゃないかと思うのだけどね。

石黒：そうなのですよ。商店街と言うと１階が店舗で２階に店主が住んで、職住が完結しているイメージだと思いますが、前橋の場合、自宅が別にあって通っている人が多いのです。その店舗が空き家になった場合でも、家賃を下げずに空き家のままで長期間保留にすることも多く、商店街に寂れた雰囲気をもたらしてしまいます。やはりそこに住んでいるか住んでないかで、商店街の近隣同士のつながりへの想い入れが違うのでしょう。

オリオン通り（前橋中心市街地9つの商店街のひとつでアーケードが残されている。かつてオリオン座という映画館があった）

　また、観光に目を向けると、前橋は今、世界進出もしている眼鏡のJINSの社長が、故郷の中心市街地を盛り上げようと、白井屋ホテル等、いろいろ話題になる建築をつくっています。まちづくり会社MMAも成功しているポートランドなどを参照して、興味を引く情報発信も上手に使い、女性や若者に人気のブランドも出店するようになりました。週末や休日には、明らかに地元の人ではない若者や家族連れが、話題のショップが販売するコーヒー片手にまちなかを歩いています。

「ライフスタイルの魅力で移住促進」する、ポートランドのまちづくり ©橋本薫(MMA)

岩岡：アーケード街のあの辺はどのような状況ですか。

石黒：残念ながらコロナの影響などで閉店してしまった店もありますが、長坂常さんが設計したショップは、インスタ映えする和菓子と建物で、行列ができるくらい流行っています。東京とはまた違う、感染防止を配慮した時代のまちの楽しみ方、ささやかな賑わいなのかなと思いながら見ています。アーケードに面した中央広場は屋外なので、これまで通りで定期的にイベントが行われ、程よく活用されている感じです。

小川：おそらく商店街全体が賑わうのではなくて、ポイント、ポイントで集客力のある場所が賑わう、そうした賑わい方のモデルのようなものを、我々が受け入れざるを得ない時代になっているのだと思う。「これまでと同様にみんなが万遍なく良くなる」という状況は、もはや期待できない。

左よりGRASSA（設計：中村竜治建築設計事務所、2018年）、なか又（長坂常／スキーマ建築計画、2018年）、前橋つじ半（旧カツカミ）（設計：髙濱史子建築設計事務所）

石黒：そうですね、マイペースに静かに楽しんでいる人たちがちゃんといるので、定常化していく。

小川：だから、そういう楽しみ方をできるようになれば、それはそれで間違いなく地方での新しい暮らし方につながると思います。

石黒：カフェを始めた人と話すと、昔から人とのコミュニケーションが好きで、カフェ経営が夢だったという人がほとんど。好きなことを生業にできる可能性を実現しやすいのも地方の良さ。みんな楽しそうにされていますよね。

小川：そう。卒業設計でも、「実は宮代町でもポツポツと個性的なお店とか活動する人が現れていることが分かりました。そこで、僕はその人たちを建築でまとめたいと思うのです」なんて言う学生が出てくる。でも、その考えは違っていて、そういう人たちはあえて孤立を選んでいる。生業や場所について、同じような関心や意識を持っている人どうしで集まりたいと考えているかというと、そんなことはないと思うのです。そういう密度や距離の近さに価値を置くのであれば、むしろ東京で活動するだろうと。そういうことではない、何か直感的な気易さとか、穏やかさとかいったものを求めてあえて宮代町で活動しているのではないか、と。だから、さっきの話ではないけれど、賑わいとか、そういうことに対する価値観を、僕ら自身が変えていかなくてはいけない時期にきていると思う。
　そのような考えもあり、またコロナのこともあったので、3年生の設計製図の授業では、2020年から『人はいるけれど賑わわない建築』という課題を出しています。そういう建築は可能か？　という問題を掲げて、学生に投げてみました。すると、やはり学生からの反応はありますよ。「あ、そうかも」みたいな。

石黒：タイトルのつけ方が素晴らしいですね。分かりやすい。

小川：「人はいるけど賑わわない」って、一般的な価値観としては矛盾しているし、それを良しとする建築教育も僕らはこれまで受けてきてないわけですよ。でも、もうそれは今、受け入れる時期に来ているのではないかと思っています。むしろポジティブな意味でね。

Activity Report

2019　千葉県野田市

Noda, Chiba Pref.

景観を考える ～利根運河から学ぶこと～

今回の舞台は野田市運河駅周辺で、利根運河の景観とともに育んできた地域文化および大学キャンパスの歴史を踏まえて、地域のシンボルとしての利根運河の価値を再考する。また、あらたな利根運河の利活用の方法についても議論し提案することをテーマとした。

参加校	東京理科大学［岩岡研究室］／茨城大学［一ノ瀬研究室・久野研究室］
	宇都宮大学［安森研究室・大嶽研究室］／信州大学［寺内研究室］
	日本工業大学［小川研究室・足立研究室］／前橋工科大学［若松研究室・石黒研究室］
	武蔵野美術大学［鈴木スタジオ］

ゲスト	坂本一成氏（東京工業大学 名誉教授、アトリエ・アンド・アイ坂本一成研究室）／
	小名木紀子氏（利根運河交流館・カナルアーツ）

スケジュール

10.5 sat

10:00	集合
10:20	ガイダンス（野田市市民会館（郷土博物館））
10:30	まち歩き（春風館道場、興風会館）
12:00	昼食
14:00	レクチャー：利根運河交流館　小名木紀子氏
15:00	利根運河周辺フィールドワーク
18:00	懇親会

10.6 sun

7:00	早朝散策（理窓会記念自然公園）
8:30	朝食
9:00	プレゼン準備・昼食
13:00	発表講評会
15:00	レクチャー：坂本一成氏

野田市郷土博物館（設計：山田 守）の見学

野田市のまち歩き

懇親会のようす

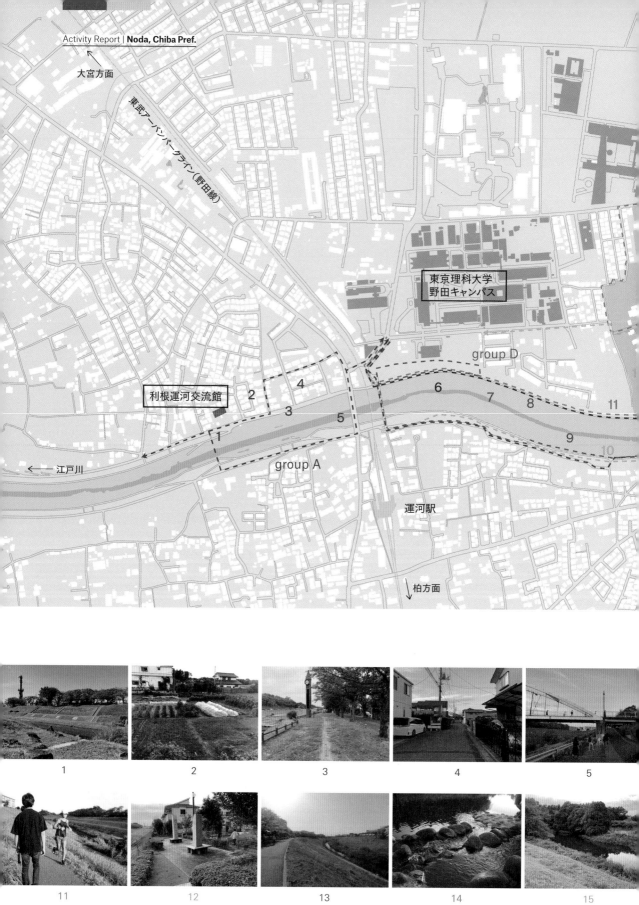

大宮方面

東武アーバンパークライン（野田線）

東京理科大学
野田キャンパス

利根運河交流館

group D

2

4

3

5

6

7

8

11

江戸川

group A

9

10

運河駅

柏方面

1

2

3

4

5

11

12

13

14

15

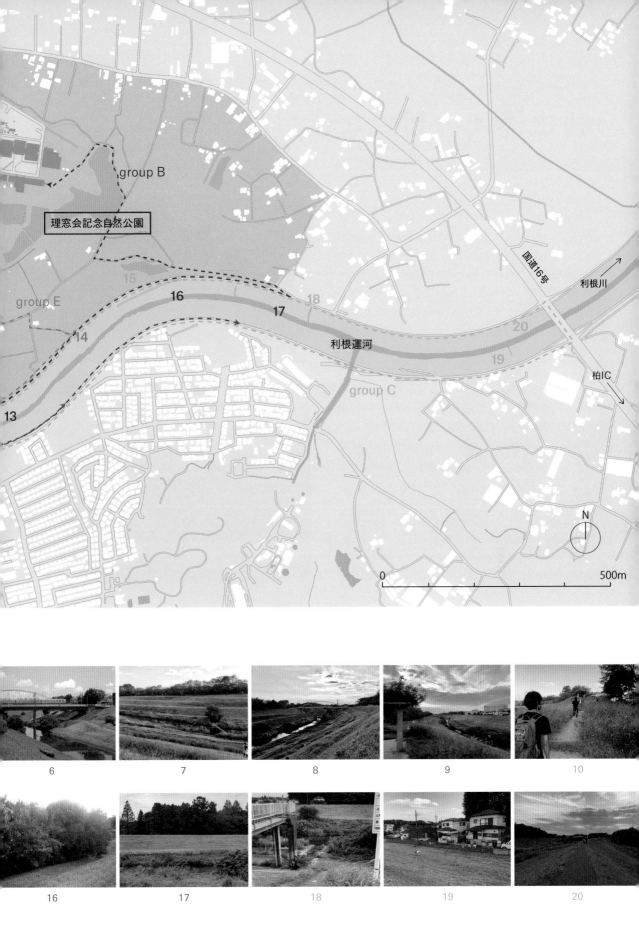

フィールドワーク　ワークショップ

利根運河の新たな活用術

ワークショップの目的

利根運河は利根川と江戸川を東西に結ぶ約8kmに及ぶ人工河川である。1890年の通水当初は水運で栄えたが、東武鉄道の発達とともにその役割を終え、現在では桜並木の続く水辺公園として周辺住民の憩いの場所となっている。こうした利根運河の景観と共に育んで来た地域文化と、そこに隣接する大学キャンパスの歴史を踏まえて、地域のシンボルとしての利根運河の価値を再考し、新たな利活用の方法について議論し提案する。

ワークショップの内容・方法

1日目は、東武野田線（＝アーバンパークライン）野田市駅前より、野田市郷土博物館（山田守設計）、市民会館（旧茂木佐平治家住宅）、興風会館（大森茂設計）、などを見学。昼食後、運河駅近くの利根運河交流館にて、同館職員の小名木紀子さんより利根運河を利用したこれまでの活用例（利根運河シアターナイト ※95ページ など）についてレクチャーをしていただき、その後運河周辺をグループに分かれて散策した。

2日目は、午前中にグループごとにプレゼンテーションの内容を準備し、午後、利根運河の新たな活用方法に対する提案とその講評を学内の講堂にて行った。また終了後に、建築家の坂本一成氏にレクチャーをしていただき、まちづくりと建築設計、あるいはまちづくりと都市デザインの関係などについて議論した。

(Re)Thinking the canal groupA

問題点　・運河周辺のさまざまなエリアに必要なアクティビティを考える
　　　　・学生や地域の人々が交流できる場所が少ない
　　　　・運河の豊かな起伏や水辺の活用・風景が単調で、
　　　　　植生の変化に目がいかずさみしさが残る

提案　　運河周辺を速度という観点でゾーニングし、それぞれの場所に適した
　　　　アクティビティが生まれる場を設計する。

橋を挟んで西側の土手は、緩やかな傾斜で休憩する人など「low speed」の活動が、東側ではランニングをする人などの「high speed」がみられる。そのように分かれていたものをゾーニングし直し、その速さにあったアクティビティを新しく配置した。それらは利根運河沿いに広がりをつくりだす。

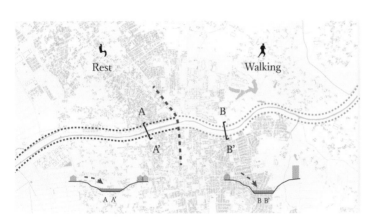

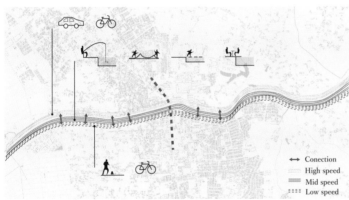

low speed：川に舞台を設計

middle speed：ドッグランを設計

high speed：サイクリングロードを設計

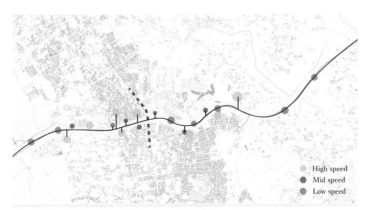

利根運河に沿って、橋の両側に様々な速度に応じたアクティビティの場を分散させる

豊かな地形を起点にした様々な場を設計する

堤の舞台 groupD

問題点　・滞在する場所が少ない

　　　　・人々と利根運河の距離が遠い

　　　　・ふれあい橋の東側における人々の活動が少ない

提案　　橋を挟んで西側の賑わいを東側にも展開する。人々が滞在し、
　　　　さまざまな活動で溢れる舞台を計画する。

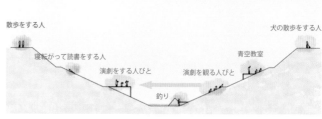

運河との距離が近づく

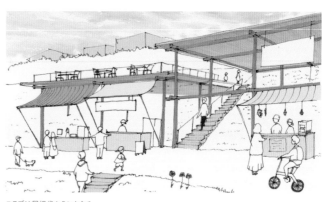

スラブは屋根代わりにもなる

サイズの異なるスラブを点在させ、スラブの上下でさまざまな活動を展開させる
場を提供する。スラブの上では青空教室や釣りを行い、下ではスラブを屋根と
見立てて小さなお店を開くなどして日常的に人々に利用される。また両岸にスラ
ブを設けることで、演劇などの対岸の活動を見て楽しむことができる。

映画祭の会場になる

両岸にスラブを設け、対岸の活動を見る

曲がりくねった道の先に groupE

問題点　利根運河のＳ字カーブは風景の切り替えを演出し、美しい風景のシークエンスが魅力的。しかし日常的に利用される道は狭く、風景を眺める場所がなく運河の魅力を発見しにくい。

提案　利根運河自体の景観を壊さないようささやかな構造物で道を拡幅し、居場所をつくる。

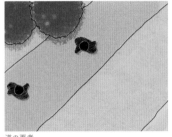 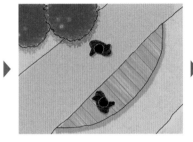 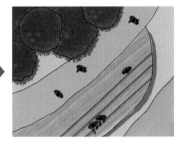

道の再考

道に付加させるように木製のデッキを付け足し、日常の行動をサポートする。
また、人が滞在できるようなスペースをつくり、日常的に人が留まり過ごすような居場所を運河につくる。
土手の高低差を生かして階段状の道をつくることで、今までになかった視点で運河を観ることができる。

緑の斜面に階段状の道をつくる

対岸と呼応する場所の関係

付加した道で井戸端会議が始まる

水辺へのアプローチを対岸へとつなげる

斜面に沿って視線が交錯する

桜を見ながらピクニックができたり

斜面にも広がり土手の移動にも使われる

自転車とのすれ違いも簡単に

人の活動がつくる新しい風景

居場所をつくるかたち groupB

問題点 ・滞在している場所がない

・風景が単調で、植生の変化に目がいかずさみしさが残る

・道幅が狭く、自転車とのすれ違いが難しい

提案 日常の風景の中に利根運河が写りこんでくるような人と利根運河
の距離感を近づけるような計画

空模様を映し出す円が風景をつくる

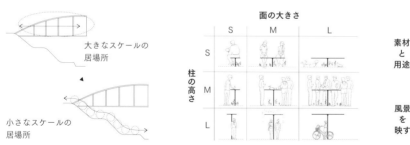

大きなスケールの
居場所

小さなスケールの
居場所

面の大きさ			
	S	M	L
柱の高さ S			
M			
L			

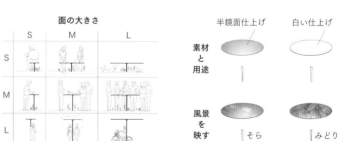

半鏡面仕上げ　　白い仕上げ

素材と用途

風景を映す　　そら　　みどり

橋の上の大きなスケールの居場所ではなく、土手に必要最低限
の一本柱と円形屋根の小さなスケールの居場所を点在させ、群
として新しい可愛らしい風景をつくり出す。面と柱の高さにS、M、
Lの大きさの違いを持たせ、様々な用途、利用人数に対応させ
る。面の仕上げは半鏡面にして空や緑を映し出す。

ぴょんっぴょんっ

土手上から運河まで居場所が拡張されていく

お花、みーっけ！

石庭 ～水辺に寄り添う石の小道～ groupC

問題点 ・土手の歩道は狭く、休憩場所がない
・ヒューマンスケールににあったものがない
・様々なイベントが催されているが、それらの多くは土手の上で行われ、
　水辺での活動がほとんどない

提案 さまざまな大きさの『石』を土手沿いや川に配置し、水辺で起こりうる活動
のきっかけをつくる。

石を運んで新しい景観をつくることは利根運河の
成り立ちを思わせる

川と歩道をつなぐ動線、とどまる場となる居場所を意識しながら、
石をなるべく無造作に配置する。壮大なスケールの運河に小さなス
ケールでデザインすることで、地域の住民たちが自由に、思い思い
に活用するきっかけとなる。

大きい石
とどまる場

小さい石
動線

水辺にもヒューマンスケールにあった
活動があってもよいのではないか

活動は土手の上のみ
対岸同士で活動がバラバラ

活動をおろし、
運河全体に連続性をもたせる

住民たちの自由な活動

Summary

学生たちの提案からは、「風景」や「景観」といった漠然と、また無意
識に捉えられがちな視覚的環境に対して、運河に沿って歩き回ったか
らこそ生まれた実感をもって格闘する様が見て取れた。
group Aの提案は、川岸で見られた人々のアクティビティを「スピード」
という視点から解釈し、それぞれの場の物的な特徴に応じた再配置を
試みるものである。運河沿いの長閑な空気感に対して、スピードという
対照的な視点で読み解く姿勢が興味深い。
group Dの提案は、運河を挟む両側の場を何らかのアクティビティで
結びつけるもの、group Eの提案は、堤防上の道に沿いつつ、土手や
川岸に人々の活動を少しずつ広げてゆくものである。水面とのにつか
ず離れずの関係をもとに新たな場をつくろうとする姿勢に、環境に対す
る繊細な読み取りを感じることができた。
group B,Cの提案は、いずれも置き石等の小さな要素を用いて堤防
の道と川面とをつなぐものである。単なる動線空間の要素としてだけで
なく、そこには腰かける、テーブルとして用いるなど、身体に寄り添うささ
やかな使い方が想定されている。
いずれの案からも、単に視覚を通して環境を認知するという行為を乗
り越え、微かにであったとしても身体を伴った具体的な活動を通して運
河沿いの環境を楽しみたいという意識が感じられた。

Lecture Report

群としてのあるべき構成を思い描く

坂本一成氏 レクチャーレポート

まちデザインゼミとは何なのか

2019年に開催した5回目のまちデザインゼミで、立ち上げ当初から参加している5つの大学のフィールドを一巡りした。この節目の回に、建築家・坂本一成氏にレクチャーをして頂き、まちデザインを巡って議論する場が設けられた。坂本氏のレクチャーは、「まちデザインゼミとは何なのか。住宅デザインゼミではない、建築デザインゼミでもない。そうしたところを私なりに相対化してここに来ていますが……」とまちデザインという言葉に考えを巡らせるように始まった。このゼミは、確かに、まちデザインゼミであって、建築家の中心的な設計対象である住宅や建築のデザインゼミでない。さらに言えば、まちづくりのゼミでもない。まちデザインゼミは、建築的・空間的視点から地域あるいは環境を見つめ直し、建築家の役割や方法論を議論、思考する場である。坂本氏のレクチャーを聞いて、どのような方向に議論や思考が展開するのだろう

か。そうしたことを考えながらレクチャーに耳を傾けた。

群としての構成によるまちデザイン

坂本氏は、建築のハードな側面に関わってきた自身の仕事とまちデザインが関わるであろう点を、建物の集合としての群の構成に関わることであると述べたうえで、最初期の住宅作品である散田の家（1969）[1]と水無瀬の町家（1970）[2] について論じ始めた。これら2つの作品は、当時の悪化した都市環境に対して、完結させた内部空間に人の住まう場を用意することを意図して、「閉じた箱」として設計された住宅であるが、周囲の建物を含めた群としての構成が異なる。散田の家は東京郊外の建物がまばらにたつなかで、周囲から孤立するように外形を構成しており、水無瀬の町家は、東京の街道筋の建物が密集したなかで、その環境に面する立面が閉じつつもまちと連続するような外形を構成して

[1] 散田の家（1969）

[2] 水無瀬の町家（1970）

坂本一成

1943年東京都生まれ／1966年東京工業大学工学部建築学科卒業／1971年同大学大学院博士課程を経て、武蔵野美術大学造形学部建築学科専任講師／1977年同大学助教授／1983年東京工業大学助教授／1991年同大学教授／2009年同大学名誉教授

現在、アトリエ・アンド・アイ 坂本一成研究室主宰

主な作品：水無瀬の町家、House F、コモンシティ星田、House SA、Hut AO。主な著書：『住宅─日常の詩学』、『建築に内在する言葉』（以上、TOTO出版）、『建築家 坂本一成の世界』（LIXIL出版）

いる。坂本氏は、前者を、低密な郊外住宅地で周囲から距離をとってたち、隣接する外部空間とともに群を構成するヴィラ型、後者を、高密な都市環境にたち、都市に面する建物正面の立面の連なりによって群を構成するパラッツォ型であるとし、群としての構成形式の違いを明確化したうえで、これらに続く住宅作品の外形を説いた。パラッツォ型の作品として、切妻屋根に代表されるいわゆる家のタイプを操作しながら当たり前でない外形を構成した一連の「家型」の作品、より開放性の高い自由な空間を内包させた外形のHouse F（1988）[3]、敷地条件との対応からさらに断片化した外形をもつHouse SA（1999）を論じ、ヴィラ型の作品として、内外の境界を曖昧化し外部空間まで連続させる構成を試みたHut T（2001）やHut AO（2015）について説明した。そして、これらが群として構成される形象的な姿として、あるべきまちデザインを思い描いているという。

住宅ひとつだけでは、決してまちをつくれるわけではない。しかしながら、その住宅のたつ環境に対して、自身の建物を挿入して群としてのあるべき新たな構成を思い描くことは、ひとつの敷地や建物に留まらず、まちの構想に関わる重要な方法のひとつではないだろうか。都市に面してたつパラッツォ型の作品が連なってつくられる町並みや、外部空間をつくりながらヴィラ型の作品が集まってうみ出される環境を思い描くことで、都市や郊外のまちの新たなデザインを示すことができる。パラッツォやヴィラといった個別の住宅を超えて、都市や郊外という場所に共通する枠組みを考えることで、住宅単体の設計でありながら、まちデザインと関わる方法を示唆されたように思う。

続けて坂本氏は、広い敷地に複数の住宅を集合させて群を構成する作品についても説明した。はじめに紹介したコモンシティ星田（1992）[4]は、スロープ造成した大地に住宅をばらまいたような構成もつことで、敷地や道路の境界が明快で制度や慣習によって管理、所有されている

[3] House F(1988)

[4] コモンシティ星田(1992)

現代の都市空間にはない爽やかさを感じさせる作品だった。そして、そこにはヴィラ的な住宅が散らばっている場所やパラッツォ的な住宅が連続している場所があることを論じた。こうした作品は、建物を集合させて群を設計するという観点で、より直接的にまちをデザインするものといえる。その設計を、住宅単体で群を構成する方法論と連続させて位置付けていることを感じた。それをより明快にして展開させた作品として、パラッツォ型だけで構成された幕張ベイタウン・パティオス4番街（1995）、スモールコンパクトユニットとアイランドプランといった構成のヴィラ型的な住宅をばらまいた工作連盟ジードルンク・ヴィーゼンフェルト（2008）などを説明した。

　そして、東工大蔵前会館（2009）[5] などの非住宅系の作品についても、ヴィラ型をパヴィリオン型、パラッツォ型を都市型と置き換えて論じ、群としての構成の方法を敷衍させることができることを示した。最後に、中国における最新のプロジェクトである敷地面積20ヘクタールの都市コンプレックス [6] について、これまでの設計の方法論によって、まさに都市デザインとして実践していることを述べてレクチャーを締めくくった。そして、質疑応答に移った。そのやりとりのなかで、建築家・建築史家の八束はじめ氏の著書［八束はじめ著『建築的思想の遍歴』鹿島出版会, 2021］を踏まえながら、「〈まちづくり〉はボトムアップで良いが、それによって現在しかない。一方、かつての〈都市計画〉はトップダウンというのは問題だが、未来がある」と述べたことが印象に残った。

〈まちづくり〉と〈都市計画〉のあいだに

　現在、遍く地域で〈まちづくり〉が行なわれ、地方の大学で研究室をもつ私もこれに無関係ではいられない。〈まちづくり〉によってまちが着実に変わってきていることを実感するものの、ワークショップの開催やプレイヤーの発掘など

[5] 東工大蔵前会館（2009）

[6] 横琴科学城三期都市設計（2019～）

を通して現在的な状況へ直接的に対応するなか
で、便宜的な空間の実践が個別に生産されてい
るだけにも感じてならない。このことは、坂本
氏が〈都市計画〉にあると述べた、現在の社会
には存在し得ない「未来」とも言うべき、ある
べき構成形式の構想が欠如しているためである
ように感じた。

　しかしながら、ル・コルビュジエの「300万
人の現代都市」や丹下健三の「東京計画1960」
といった、ひとつの教条的な理念で都市の全体
像を明快な構成形式のうちに描くかつての〈都
市計画〉に夢を見た時代と、現在の状況は大き
く乖離している。現在行われている〈まちづく
り〉はより微細で、住民と協働して、小さな建
物や家具をデザインして挿入することで、部分
的にまちを修繕していくようなものであり、ま
ちを直接つくっているものの、まち全体を大き
くつくり変えるようなことはほとんどない。こ
のことが、まちのあるべき構成の形式を構想し
づらくしている要因のひとつであるように思う。

〈まちづくり〉と〈都市計画〉とのあいだで、小
さな視点からまちの未来を思い描く、新たな方
法が必要なのだろう。

　こうした状況を踏まえて、坂本氏のレクチャー
を振り返ってみると、住宅単体を環境のなかに
挿入することで群として新たな構成を構想する
方法が重要に思えてならない。一見まちのデザ
インとは直接関係がないようにみえる、建物単
体による部分的な環境の構成の方法論を、いま
改めて見直すことが必要なのではないだろうか。
そして、個別の建物を超えたその環境に共通す
る枠組みに着目し、群としてあるべき構成を思
い描くことで、まちを構想する必要があると感
じた。ここに、個別の地域での実践に留まらな
いまちデザインの実践を見出すことができるの
ではないだろうか。

大嶽陽徳（宇都宮大学 助教）

写真・図版提供
アトリエ・アンド・アイ 坂本一成研究室

Postscript

「まちデザイン」という活動から思うこと

小野田泰明

建築計画者／東北大学大学院教授

ワークショップを記録する

「まちづくり」や「施設づくり」に関するワークショップは、今や日常風景になっている。あるスコアに則って、参加者が濃密なコミュニケーションを展開することで、創造的な共有知に到達しようとするこの活動は、1970年代にローレンス・ハルプリンなどを通じて日本に移入されたが（ハルプリン、1989）、多くの関係者の努力によって普及し、我々の前に広がる現在の状況となっている。通常、こうした活動の多くは、参加者個々の記憶や紡ぎなおされた事物関係として残されるにすぎないが、いくつかはアーカイブされる幸運に恵まれる。北関東周辺をフィールドとした五回のワークショップの成果をまとめ上げた本書は、そうした記録のひとつである。

一方でこの書籍は、従来の記録誌と一線を画すものになっている。普通の記録誌で中心的に取り上げられる参加者の提案は参考的に扱われ、代わりにフィールドとなった五地域の地図がワークショップで引き出された特徴とともに掲載されている。さらには、関わった教員の対話にも紙面が大きく割かれている。参加者の創作成果よりも、学生たちが解像度の高い観察で見出したフィールドのポテンシャルやそれを通じて生起した教員側の思想の展開が主なのである。通常は副産物とされがちな部分にこそ、ワークショップの実体性があることを問いかける反語的な構成となっているところがなかなか趣深い。

変化する建築観・地域観・教育観

ワークショップを巡る議論は四つに分けられているが、最初に強調されるのは本書を貫く「まちデザイン」である。ワークショップで掲げられることの多い「まちづくり」ではなく、「まちデザイン」と定義した背景が、対話の中で示されていく。「『建てること／住むこと／考えること』というハイデガーの話につながりますけれども（安森）」「建築家には、空間を創造すると同時に、そこでの人々の行為や動きを想像して、それを引き起こすといった、モノとコトに関する一連のストーリーをつくりだす能力がある（小川）」と、実存主義哲学を拠り所に、物性に関わる専門家が関わることの優位性が提起される。次いで議論は、活動が展開されるフィールドに移行する。「因果関係を紐解くこととはまた少し違う。系譜をたどることによって未来を予測するのが歴史学の眼差しだと思いますが、…まちや場をつくっていく視点をもう少し豊富にしていく（寺内）」と、フィールドに内在する微差を発見しつつ楽しみながらそれらを位置づけていくことで、その可能性を引き出すワークショップの醍醐味が示される。大きな建築を目指すのではなく、人とモノの関係の再構築を目指すこの視点は、ラトゥールのアクターネットワークにも繋がる重要な着眼点とも言える(ラトゥール、2019)。

三番目の議論では、「むしろ小さな部分にそう

した批評性を見出している。それらをプロジェクト化するということは、そこに相当意識が働いている（岩岡）」と物のデザインに対して高いリテラシーを持つ建築専門家が関わるからこそ、微差を扱いながらも大きな景の再構築が可能になるという、彼ら独自の視座が示される。これによって、一番目と二番目の議論が回収されるのだが、一方で、「建築は何か途方もない想像力とか、思い切った仮説に基づいてトップダウン的に考えてみるという方法もあっていいはずなのですが、そちらは少し枯渇している（小川）」、「まちおこしに感じる危うさは、参加者による自己満足というか自己完結に終始しかねない（小川）」と、活動が内包する批評性も開陳される。

　この批評性は、「国が数種類に大学を分類するという点が既に問題であると思います。大学というものにまだ良心と言いますか、批評性が担保されていて、実用的な成果を求められた際に『それもやりますが、抽象的・批評的な活動もやります』と言えれば良い（寺内）」と自らが所属する大学の在り方にまで及ぶ。仲良し活動ではない、苛烈さを秘めたものであることが明かされていく。

乗り越えるべきは自らが受けた建築教育

　「坂本一成研究室出身の人たちがいろいろな大学で教えていて、その大学のキャンパスがたまたま北関東という地域で一致していました（足立）」といった自らの出自表明から始まる四番目の議論では、前項までで示された批評的な視点が、自らが受けた建築教育にも向けられることが明らかにされる。さらに、「広瀬川も、養蚕や農業用に利根川から人工的に引かれた河川で…なるべく長い距離を流すために勾配が調整されているところが人工的です。地形とのレベル差が不思議なところを流れていたり、元の利根川に戻されたりといった具合に、自然と人工の中間的な論理でできているのが興味深い（石黒）」「生活や生業の中で、自分たちの環境をつくる文化のようなものが培われているところなのだと思います（足立）」と、自らの建築論を発展させる契機が、対象としたフィールドの中に埋め込まれていることが見出されていく。

　こうした内省的な視点は、「『ハウジング・プロジェクト・トウキョウ（都市環境構成研究会、1998）』で構成形式に注目して建築を考えているときは、マテリアルは登場しない・・・アクティビティ、つまり人間の活動の話もほとんど出てこない…歴史性や、それによって積み重なってきた場のあり方や意味とかということも排除している（小川）」と、自らが大学で学んだ方法論にも向けられていく。「もはや構成だけでできることは限られていて、もう少し文脈を広げて豊富化していかないと、あまり面白い視点は提示できない（小川）」と、厳しいトレーニングを経て得た自家薬籠中の方法論自体の乗り越えを宣言する姿は頼もしくもある。

教育の共有が持つ力

　このワークショップが単体のイベントに留まらず、建築論の掘り下げを介して、地域や建築教育に還元されていく再帰性を有しているのは、連坦的に関係する対象地域を、ホストとゲストを変えて連歌のようにつないでいく、このワークショップの構成の巧みさによるところが大きい。けれども本当の鍵は、それ以外にある。読者の多くも気づいているように、建築の設計と観察に関する厳しい鍛錬で知られる同じ建築意匠研究室で学んだという体験の共有こそが肝なのである。マニアックとも思える解像度で環境を見続け、相手を遠ざけかねない批評意識を生のまま議論の場に持ち込むなど、過酷な状況を自ら招聘しながら、それでもコミュニケーションを開き続けようとする。こうした通常「大人の経済人」になるに従って失われていくものごとに対する初源的な執着が、そこには残されている。卒業後何年にも渡ってそれを維持し続けている事実は驚異的で、坂本一成が東工大で鍛え上げた教育メソッドの強度を示してもいる。

　もちろんすべてが称賛されるものでは無い。仕方のない事であるが、議論の中に出てくる建築計画学や都市論に対する解像度はやや大まかで、そこに身を置く人間としては正直違和感もある。これらの領域でも、平面にすべてを還元してその最適化を図ろうとする方法論の限界は兼ねてから認識されており、空間認知の科学や心理学に紐づけ

ながら社会学を多面的に活用したような変化も起こっている（長澤,2007、小野田,2013）。

　また、ここで述べられている小さなことへの気づきとその再帰は、乾久美子とその学生による優れた試みがあるし（乾,2014）、著者らと同門の塚本由晴と貝島桃代がビヘイビオロジーという魅力的な言葉で、関係する領域を拓いている（Atelier Bow-Wow,2010）。今後、他大学の出身者、研究者を含んで今後広く議論が促される所かもしれない。

秘儀から開かれた作法へ

　本書には、生態系や土木の文法、権力の作動のメカニズムなど、具体的な対応策が記されている訳ではないが、建築における空間類型学を発展させ、物性や人の行為、時間を内包する新しい構造への転換を目指す建築専門家のステートメントとして十分に興味深い。

　建築デザインにおいて高次の共通言語を共有する彼・彼女らが、高いポテンシャルを持ちながらも余地を残している北関東というフィールドにおいて、「まちデザイン」活動を続けるその様は、素性の良い電子計算機が連携して並行処理を行うことを通して、閾値を超えた高い解像度の分析を可能とするスーパーコンピューターの仕組みを想起させる。高解像度で建築・環境を読み取る力と、臆せず批評を繰り返すことを学生時代に徹底して叩き込まれた彼・彼女らが、

今度は教師として、学生とともに地域を耕して
いく。「規律・訓練装置」を創造的協働の基本と
しながらも、その眼差しの先には、普遍性の高
い方法論の獲得が目指されている。一門以外に
は開かれない門外不出の「秘儀」から開かれた
「作法」へ。「まちデザイン」活動が耕していく
その先に注目したい。

小野田泰明　略歴

1963年金沢市生まれ。東北大学大学院教授。建築計画者、
博士（工学）、一級建築士。UCLA、香港大学などで客員教
授を歴任。せんだいメディアテークの企画に参画後、東日本
大震災では被災自治体の復興に貢献。現在は、全国で設計
者選定をコーディネート。2022年日本建築学会賞（論文）、
2003年日本建築学会賞（作品）（苓北町民ホール：阿部仁史
と共同）、2018年 Good Design 賞特別賞（釜石市東部復
興公営住宅：千葉学他と共同、釜石市唐丹小中学校：乾久
美子他と共同）、2022年住総研清水康雄賞、2016年日本
建築学会著作賞（『プレ・デザインの思想』TOTO 出版）他

参考文献

Atelier Bow-Wow『The Architectures of Atelier Bow-Wow: Behaviorology』Rizzoli、2010

ローレンス・ハルプリン、ジム・バーンズ『集団による創造性の開発—テイキング・パート』牧野出版、1989（原著は1974）

乾久美子・東京藝術大学乾久美子研究室『小さな風景からの学び』TOTO 出版、2014

長澤泰・岡本和彦・伊藤俊介『建築地理学 新しい建築計画の試み』東京大学出版会、2007

小野田泰明『プレ・デザインの思想』TOTO 出版、2013

ブリュノ・ラトゥール『社会的なものを組み直す：アクターネットワーク理論入門』法政大学出版会、2019（原書は2005）

都市環境構成研究会『ハウジング・プロジェクト・トウキョウ』東海大学出版会、1998

Participants

まちデザインゼミ参加者

2014　宇都宮

宇都宮大学
安森 亮雄

信州大学
寺内 美紀子

筑波大学
貝島 桃代

東京理科大学
岩岡 竜夫

日本工業大学
小川 次郎
足立 真

前橋工科大学
石田 敏明
石黒 由紀

【学生】

宇都宮大学
中村 周
松浦 達也
安 紅
稲川 芽衣
勝又 亮介
谷風 美樹
古賀 直人
中岡 進太郎
柳 紘司
横山 伊織
青山 和哉
江連 寛二

小林 基澄
福沢 潤哉

信州大学
高橋 拓生
樋口 徹也
市川 楓
福嶋 史奈
松原 昂平

筑波大学
豊田 正義
眞田 峻輔
高田 卓慎
秋葉 正登
黄 瓊儀

東京理科大学
横尾 真
北川 千尋
松田 岳史
熊倉 卓
稲葉 修也

日本工業大学
傅 君瑜
橋本 温子
高 詩雅
劉 威羚
梁 佳恩
押山 勇太
内田 雅基
中山 瞭

前橋工科大学
木村 美貴
小林 奈央

藤木 景介
山下 優
渡邊 圭亮

2015　前橋

前橋工科大学
石田 敏明
石黒 由紀

宇都宮大学
安森 亮雄

筑波大学
貝島 桃代
Andrew Wilson
University of Queensland

東京理科大学
岩岡 竜夫

日本工業大学
足立 真

武蔵野美術大学
鈴木 明

【ゲスト】
星 和彦
前橋工科大学 教授／建築史家

【学生】
括弧内はワークショップのグループ

前橋工科大学
小松 温
前澤 佑美（B）
高浜 真也（E）

小林 繁明
菅野 凌（A）
吉田 祐介（D）
伊藤 麻衣（C）
大久保 佑耶（C）
木村 美貴（F）
長谷川 友美（B）
木村 悠菜（D）
中村 仁美
高橋 由華（E）
横田 菜月（A）
井上 太平（F）
丸山 貴大
山下 智也（A）
木村 舞
苗渋 航（D）

宇都宮大学
中村 周（D）
葛原 希（C）
二瓶 賢人（B）
渡邉 翼（E）

信州大学
大村 公亮（B）
出田 麻子（D）
岩間 夏希（A）
杉浦 友裕（C）
鬼頭 美絵（E）
山西 輝（F）

筑波大学
原田 多鶴（B）
菊地 純平（E）
小西 葵（C）
劉シュウ含（F）

東京理科大学
高瀬 結惟(C)
原 百合子(D)
江間 匠太(A)
堀越 一希(E)
玉江 将之(B)
大村 高弘(F)

日本工業大学
胡 文環(E)
橋本 温子(A)
田端 由香(C)
永澤 絢佳(D)

武蔵野美術大学
越智 啓介(A)
桑田 麻梛(F)

2017　小布施

信州大学
寺内 美紀子

茨城大学
一ノ瀬 彩

宇都宮大学
安森 亮雄
大嶽 陽徳

東京理科大学
岩岡 竜夫
片桐 悠自

日本工業大学
足立 真
塚越 智之 非常勤講師

前橋工科大学
若松 均
石黒 由紀

武蔵野美術大学
鈴木 明

【ゲスト】
川向 正人
東京理科大学 名誉教授／
小布施町まちづくり研究所所長

西沢 広智
宮本忠長建築設計事務所OB

勝亦 達夫
信州大学キャリア教育・
サポートセンター

【学生】
括弧内はワークショップのグループ

信州大学
小山田 優衣(A)
神子 小百合(B)
齋藤 翔矢(C)
佐々木 義道(D)
高薄 英理(E)
千々松 海図(F)
増田 千恵(G)
三塚 航平(H)

茨城大学
JIN JINYING(D)
柳田 卓巳(H)

宇都宮大学
丸山 貴大(A)
岩渕 達郎(B)
塚本 琢也(H)
高橋 広野(D)
水野 祐介(E)
松本 大知(F)
金田一 遥(G)
宮川 広大(C)

東京理科大学
王 星澎(G)
大澤 祐太朗(C)
小浦 幸平(D)
棚橋 優樹(A)
早川 太史(F)

日本工業大学
内沼 育也(F)
森 優海(G)
岩田 昇也(B)

陰山 愛(H)
戸津 奈緒美(C)
野田 滉乃(E)

前橋工科大学
木村 瞬(C)
久保田 祐基(B)
迎田 泰(G)
首藤 智子(D)
寺田 遥平(A)
新井 裕作(E)
海野 美帆(B)
永野 瑞季(A)

武蔵野美術大学
若杉 勇(H)
渕上 理佐(F)
沓澤 拓巳(E)

2018　宮代

日本工業大学

小川 次郎
足立 真
勝木 祐仁
吉村 英孝
竹内 宏俊

宇都宮大学

安森 亮雄
大嶽 陽徳

信州大学

寺内 美紀子

東京理科大学

岩岡 竜夫
片桐 悠自

前橋工科大学

若松 均
石黒 由紀

武蔵野美術大学

鈴木 明

【学生】
括弧内はワークショップのグループ

日本工業大学

戸井 泉(G)
荒井 隼輔(C)
綱川 毅(E)
内沼 育也(E)
森 優海(C)
金沢 紗也香(D)

坂本 佳奈(B)
鈴木 日向(G)
山崎 大空(D)
陰山 愛(F)
木村 拓登(A)
髙橋 将人(H)

宇都宮大学

松本 大知(G)
佐藤 克哉(H)
宮川 広大(C)
富岡 良介(E)
小林 実央(F)

信州大学

有田 一貴(G)
加藤 知紀(D)
斉藤 知真(B)
齋藤 裕(A)
鈴木 巧(C)

東京理科大学

入部 寛(B)
髙橋 遼平(F)
丹治 遥香(H)
Jonathan Decaillon(B)
Arthur Varenne(F)

前橋工科大学

高木 駿(F)
安藤 樹姫也(G)
鈴木 駿(C)
石垣 克弥(A)
小林 良成(D)
渡部 泰匡(E)
熊崎 匠(B)
天野 圭介(H)

武蔵野美術大学

沓澤 拓巳(A)
秦 夢琪(H)
北島 未来(D)

2019　野田

東京理科大学

岩岡 竜夫
片桐 悠自

茨城大学

一ノ瀬 彩
久野 靖広

宇都宮大学

安森 亮雄
大嶽 陽徳

信州大学

寺内 美紀子

日本工業大学

小川 次郎
足立 真

前橋工科大学

若松 均
石黒 由紀

武蔵野美術大学

鈴木 明
林 英理子 非常勤講師
田宮 晃志 非常勤講師

足利大学

大野 隆司

【ゲスト】

坂本 一成
東京工業大学 名誉 教授
アトリエ・アンド・アイ 坂本研究室

小名木 紀子
利根運河交流館・カナルアーツ

【学生】
括弧内はワークショップのグループ

東京理科大学
岸野 祐哉（A）
上野 純（B）
塚本 沙理（C）
月花 雅志（D）
落合 諒（E）
Charles Dilphy（A）
Marie Simon（B）
Nathan Dhedin（E）

茨城大学
柳田 卓巳（A）
JIN JINYING（B）
鎌田 吉紀（C）
中根 央喜（D）

宇都宮大学
佐藤 克哉（A）
渡邉 和樹（C）
AISIKARE.
MAIMAITIMIN（D）
富岡 良介（E）
早坂 楽（E）
速水 秀太（D）

信州大学
秋山 由季（A）
奥村 拓実（B）
堀田 翔平（C）
水木 直人（D）
安田 隆広（E）

日本工業大学
鈴木 日向（D）
山崎 大空（E）
池田 陸人（E）
犬塚 康平（B）
松永 剛（C）
村上 智基（A）
新田 直士（B）
永井 亜実（C）

前橋工科大学
石川 光希（C）
坂本 美穂（E）
佐野 歩美（A）
澁谷 侑里子（D）
石渡 智彦（A）
城田 陸斗（C）
鈴木 朱莉（B）
石丸 実来（D）

武蔵野美術大学
胡 娜（A）
二又 大瑚（B）
岩穴口 颯音（C）
西津 尚紀（D）
大西 加那子（E）

まちデザインゼミ記録集編集委員会

岩岡竜夫　Tatsuya Iwaoka
東京理科大学創域理工学部 建築学科 教授

小川次郎　Jiro Ogawa
日本工業大学建築学部 建築学科 教授

寺内美紀子　Mikiko Terauchi
信州大学工学部 建築学科 教授

足立 真　Makoto Adachi
日本工業大学建築学部 建築学科 教授

安森亮雄　Akio Yasumori
千葉大学大学院工学研究院 建築学コース 教授

石黒由紀　Yuki Ishiguro
前橋工科大学工学部　環境・デザイン領域 /
建築・都市・環境工学群 准教授

鈴木 明　Akira Suzuki
武蔵野美術大学造形学部 建築学科 教授

まちをつくる人に、
未来を描く力を。

Give the people who make the city
the power to draw the future

私たちは1級建築士を最も多く輩出し続けている学校です。
優れた人材を育成することで社会に貢献することを
総合資格学院の理念として掲げています。

Others

56.9%

2016年〜2020年の1級建築士試
験の合格者のうち56.9%が総合
資格学院の受講生です。

総合資格学院の合格実績には、模擬試験のみの受講生、教材購入者、無料の役務提供者、過去
受講生は一切含まれておりません。合格者は、(公財)建築技術教育普及センターの発表による。

総合資格学院